农作物病虫害原色图谱丛书

大豆病虫害原色图谱

李巧芝　柴俊霞　主编

河南科学技术出版社
·郑州·

大豆病虫害原色图谱／李巧芝，柴俊霞主编. —郑州：河南科学技术出版社，2017.7（2019.12重印）
（农作物病虫害原色图谱丛书）
ISBN 978-7-5349-8616-1

Ⅰ. ①大… Ⅱ. ①李… ②柴… Ⅲ. ①大豆－病虫害防治－图谱 Ⅳ. ①S435.651-64

中国版本图书馆CIP数据核字（2017）第059615号

出版发行：河南科学技术出版社
地址：郑州市经五路66号　　邮编：450002
电话：（0371）65737028 65788613
网址：www.hnstp.cn
策划编辑：周本庆　陈淑芹　杨秀芳　编辑信箱：hnstpnys@126.com
责任编辑：陈　艳
责任校对：牛艳春
装帧设计：张德琛　杨红科
责任印制：张艳芳
印　　刷：郑州市毛庄印刷厂
经　　销：全国新华书店
幅面尺寸：148 mm × 210 mm　　印张：5.5　　字数：200千字
版　　次：2017年7月第1版　　2019年12月第3次印刷
定　　价：32.00 元

内容提要

本书共精选对大豆产量和品质影响较大的60余种主要病虫原色图片201张，突出病害田间发展和害虫不同时期的症状识别特征，并详细介绍了每种病虫的分布区域、形态(症状)特点、发生规律及综合防治技术，力求做到内容丰富、图片清晰、图文并茂，适于各级农业生产人员、农业技术推广人员、植保专业技术人员以及农业院校师生阅读使用。

农作物病虫害原色图谱系列丛书

编撰委员会

总编撰：吕国强

委　员：赵文新　张玉华　彭　红　王　燕　李巧芝　王朝阳
胡　锐　朱志刚　邢彩云　柴俊霞

《大豆病虫害原色图谱》

编写人员

主　　编：李巧芝　柴俊霞

副 主 编：杨型明　刘金象　邢帅军　韩宏坤　王春华　赵翠平
李中印　宋以星　李培胜　宁秋娟　张　莉　常向向
吕丽萍　石卫东　马占宽

编　　者：马占宽　王秀芹　石卫东　宁秋娟　吕丽萍　刘金象
宋以星　邢帅军　李巧芝　李中印　李培胜　张　莉
赵翠平　杨型明　柴俊霞　柴春莉　常向向　陈　霞
韩宏坤

总 序

我国是世界上农业生物灾害发生严重的国家之一，常年发生的为害农作物有害生物（病、虫、鼠、草）1 700 多种，其中可造成严重损失的有 100 多种，有 53 种属于全球 100 种最具危害性的有害生物。许多重大病虫害一旦暴发成灾，不仅危害农业生产，而且影响食品安全、人身健康、生态环境、产品贸易、经济发展乃至公共安全。马铃薯晚疫病、水稻胡麻斑病、小麦条锈病的跨区流行和东亚飞蝗、稻飞虱、稻纵卷叶螟的暴发危害都曾给农业生产带来过毁灭性的损失；小麦赤霉病和玉米穗腐病不仅影响粮食产量，其病原菌产生的毒素还可导致人畜中毒和致癌、致畸。专家预测，未来相当长时期内，农作物病虫害发生将呈持续加重态势，监测防控任务会更加繁重。《国家粮食安全中长期规划纲要（2008—2020 年）》提出，要通过加大病虫监测和防控工作力度，到 2020 年，使病虫危害的损失再减少一半，每年再多挽回粮食损失 1 000 万 t。农业部于 2015 年启动了“到 2020 年农药使用量零增长行动”，对植保工作提出了新的要求。在此形势下，迫切需要增强农业有害生物防控能力，科学有效地控制其发生和为害，确保人与自然和谐发展。

河南地处中原，气候温和，是我国大区域流行性病害和远距离迁飞性害虫的重发区，农作物病虫害种类多，发生面积大，暴发性强，成灾频率高，据不完全统计，每年各种病虫害发生面积达 6 亿亩次以上，占全国的 1/10，对农业生产威胁极大。近年来，受全球气候变暖、耕作制度变化、农产品贸易频繁等多因素的综合影响，主要农作物病虫害的发生情况出现了重大变化，常发病虫害此起彼伏，新的发生不断传入，田间危害损失呈逐年加重趋势。而另一方面，由于病虫防控时效性强，技术要求高，加之目前我国从事农业生产的劳动者，多数不具备病虫害识别能力，因混淆病虫害而错用或误用农药造成防效欠佳、残留超标、污染加重的情况时有发生，迫切需要一部浅显易懂、图文并茂的专业图书，来指导农民科学防控病虫害。鉴于此，我们组织省内有关专家编写了这套农作物病虫害原色图谱丛书。

该套丛书分《小麦病虫害原色图谱》《玉米病虫害原色图谱》《水稻病虫害原色图谱》《大豆病虫害原色图谱》《花生病虫害原色图谱》《棉花病虫害原色图谱》《蔬菜病虫害原色图谱》7 册，共精选 350 种病虫害原色图片 2 000 多张，在图片选择上，突出病害田间发展和害虫不同时期的症状识别特征，同时，还详细介绍了每种病虫的分布区域、形态 (症状) 特点、发生规律及综合防治技术，力求做到内容丰富，图片清晰、图文并茂，科学实用，适合各级农业技术人员和广大农民阅读，也可作为植保科研、教学工作者参考。

农作物病虫害原色图谱丛书是 2015 年河南省科技著作项目资助出版，得到了河南省科学技术厅与河南省科学技术出版社的大力支持。河南省植保推广系统广大科技人员通力合作，深入生产第一线辛勤工作，为编委会提供了大量基础数据和图片资料，河南农业大学、河南农业科学院有关专家参与了部分病虫害图片的鉴定工作，在此一并致谢！

希望这套系列图书的出版对于推动我省乃至我国植保事业的科学发展发挥积极作用。

河南省植保植检站副站长、研究员

河南省植物病理学会副理事长　吕国强

2016 年 8 月

前言

大豆起源于中国，在中国栽培并用作食物及药物已有5 000年的历史，是豆科植物中最富有营养而又易于消化的食物，是蛋白质最丰富、最廉价的来源。

大豆生产上发生的病虫害种类较多，是限制大豆产量提高和品质提升的重要因素之一，常年发生的病虫害多达100多种，其中可造成严重损失的有20余种，如根腐病、病毒病、褐斑病、霜霉病、食心虫、豆荚螟、豆叶东潜蝇等。有些重大病虫一旦暴发成灾，不仅危害农业生产，而且影响食品安全、人体健康、生态环境、产品贸易、经济发展乃至公共安全。如大豆疫病是大豆生产的毁灭性病害，广泛分布于10多个国家，每年使全球大豆业损失约10亿美元，在感病品种上造成损失25%~50%，个别高感品种可导致绝收，被害种子的蛋白质含量明显降低，已构成影响大豆国际贸易的重要因子，我国将其列为对外检疫性一类有害生物。为此，科学监测、诊断大豆病虫发生与为害情况，及时采取有效综合防控措施，是保护大豆安全生产、确保人与自然和谐发展的重要基础性工作。

本书在总结、借鉴前人在生产实践中探索出的科学防治大豆病虫害的技术与方法的基础上，共精选对大豆产量和品质影响较大的60余种主要病虫原色图片201张，突出病害田间发展和害虫不同时期的症状识别特征，并详细介绍了每种病虫的分布区域、形态(症状)特点、发生规律及综合防治技术，力求做到内容丰富、图片清晰、图文并茂、科学实用，既适合各级农业技术人员和广大农民群众阅读，也可供从事植保科研、教学工作的人员参考。

本书在编写过程中参考了大量的文献和资料，得到了有关部门、领导和基层技术人员的大力支持，在此致以衷心的感谢！

由于资料和编者水平所限，书中所展示的病虫种类距生产实际尚有一定差距，图片、文字资料可能有不足之处，敬请专家、广大读者和同行批评指正。

编者

2016 年 8 月

目录

第一部分 大豆病害

一、大豆根腐病

分布与为害

大豆根腐病是一种为害严重、病原菌种类多而且防治较困难的世界性土传病害。近年来，此病在我国各大豆种植区均有发生，局部地区为害严重。大豆受害后，一般减产 5%~10%，严重的可达 50% 以上，甚至绝产。大豆根腐病是影响大豆生产的主要病害之一（图 1）。

图 1　大豆根腐病大田为害状

症状特征

大豆根腐病由多种病原真菌引起。镰刀菌为主要致病菌，病株根部从根尖开始变色，水浸状，主根下半部先出现褐色条斑，以后逐渐扩大，表皮及皮层变黑腐烂，严重时主根下半部烂掉；叶片由下而上逐渐变黄，植株矮化，结荚少，严重时植株死亡。丝核菌引起的症状，自种子出芽即可发病，引起烂种，出苗几天后出现立枯病症状，幼苗茎基部及地表下的根部出现坏死斑，病斑开始为褐色、暗褐色或红色，以后病斑扩大引起绕茎（图 2），茎及主根髓部变色（图 3），病株生长减弱，生长中期出现猝倒或死亡，病株结荚少。立枯丝核菌还可引起大豆根部产生褐色至红褐色病斑，病斑呈不规则形，常连片形成，病斑凹陷；在潮湿条件下，病部表皮出现白色至粉红色霉层，部分病株还产生红色子囊壳；病株下部叶片叶脉间褪绿、发黄、干枯，并逐渐向上蔓延，生长停止，随后枯死。

图 2　大豆根腐病茎部病斑绕茎症状

图 3　大豆根腐病髓部受害状

发生规律

大豆根腐病在大豆种子萌发以后即可发生，根和靠近根表的茎是主要的侵染部位，侵入方式有伤口侵入、自然孔口侵入和直接侵入三种，直接侵入的较少。土温18 ℃左右，土壤长期保持适当湿度或稍干燥条件下，病菌的致病力最强，植株的发病程度也最严重。重茬、迎茬、多施氮肥、土壤黏重的地块发病重，平作比垄作发病重。大豆根潜蝇为害与根腐病发生呈高度正相关。

防治措施

1. 农业防治 选用抗耐病品种；及时清除田间病残体，控制侵染源；合理轮作，避免重茬、迎茬；适当晚播，控制播深，实行深沟高畦栽培；增施磷肥或有机肥，合理中耕、深松培土，改善土壤通气条件，及时排除田间积水。

2.化学防治 播种前，按种子重量选用4%~5%的30%多·福·克悬浮种衣剂，或1.7%~2%的13%甲霜·多菌灵悬浮种衣剂，或0.6%~0.8%的2.5%咯菌腈悬浮种衣剂，或1%~1.3%的35.5%阿维·多·福悬浮种衣剂进行种子包衣，或用2%宁南霉素水剂500 mL均匀拌50 kg种子，然后堆闷阴干即可播种。发病地块可用70%甲基硫菌灵可湿性粉剂1 000倍液，或50%多菌灵可湿性粉剂800~1 000倍液，或20%龙克菌悬浮剂500~600倍液，或4%农抗120水剂150~300倍液灌根。

二、大豆立枯病

分布与为害

大豆立枯病俗称“死棵”“猝倒”“黑根病”，在我国各大豆种植区有发生。本病的发生与为害情况因地区和年份有很大不同，病害严重年份，轻病田死株率在5%~10%，重病田死株率达30%以上，个别田块甚至全部死光，造成绝产（图1）。

图1　大豆立枯病病株枯死症状

症状特征

大豆立枯病主要为害幼苗或幼株，幼苗或幼株主根及近地面茎基部出现红褐色稍凹陷的病斑，皮层开裂呈溃疡状。幼苗受害严重时，茎基部变褐缢缩折倒而枯死。幼株受害往往表现植株变黄、生长缓慢、植株矮小，茎基部呈红褐色，皮层开裂呈溃疡状（图 2）。

图 2　大豆立枯病茎基部溃疡状病斑

发生规律

病菌以菌丝体和菌核在土壤中越冬，成为翌年的初侵染源。本病为土壤习居菌引起的土传病害，病菌直接入侵大豆初生根系或次生根系，或由伤口侵入，引起发病后，病部长出菌丝继续向四周扩展，也有的形成子实体，产生担孢子在夜间飞散，落到植株叶片上以后，产生病斑。苗期遇低温和雨水大时易于发病。地势低洼、排水不良或土壤黏重的地块发病重。重茬地和高粱茬地发病重。地下害虫多、土质瘠薄、缺肥和大豆长势差的田块发病重。

防治措施

1. 农业防治 与禾本科作物实行3年以上轮作；避免在低洼地种植大豆，或加强排水排涝，防止地表湿度过大；合理密植，勤中耕除草，改善田间通风透光性；收获后及时清除田间遗留的病株残体，并深翻土地。

2. 调节土壤酸碱度 施用石灰调节土壤酸碱度，使之呈微碱性，用量每亩50~100 kg。

3. 化学防治 播种前进行种子消毒或药剂拌种，可选用50%多菌灵可湿性粉剂或50%甲基硫菌灵可湿性粉剂按种子重量0.5%~0.6%的用量拌种，或用70%噁霉灵种子处理干粉剂按种子重量的0.1%~0.2%拌种。发病初期喷洒70%乙磷·锰锌可湿性粉剂500倍液，或58%甲霜灵·锰锌可湿性粉剂500倍液，或64%杀毒矾可湿性粉剂500倍液，或18%甲霜胺·锰锌可湿性粉剂600倍液，或69%安克锰锌可湿性粉剂1 000倍液，10 d左右喷洒1次，连续防治2~3次。

三、大豆病毒病

分布与为害

大豆病毒病是由多种病毒单一或复合侵染的一类系统性病害，主要包括大豆花叶病、大豆芽枯病等，广泛分布于我国各大豆种植区。其中大豆花叶病发生普遍，占大豆病毒病的 80% 以上，可造成减产 40%。

症状特征

大豆病毒病的症状因病毒种类（特别是复合侵染的病毒种类）、大豆品种、侵染时期及环境条件不同而多样。主要症状有：

1. 轻花叶型　叶片生长基本正常，叶上出现轻微淡黄绿相间斑驳，对光观察尤为明显，通常后期病株或抗病品种多表现此症状（图 1）。

图 1　大豆病毒病轻花叶型

图 2　大豆病毒病重花叶型

2. 重花叶型　病叶呈黄绿相间斑驳，皱缩严重，叶脉变褐弯曲，叶肉呈疱状凸起，叶缘下卷，后期导致叶脉坏死，植株明显矮化（图 2）。

3. 皱缩花叶型　症状介于轻、重花叶型之间，病叶出现黄绿相间花叶，沿中叶脉呈疱状凸起，叶片皱缩呈歪扭不整形（图 3）。

4. 黄斑型　轻花叶型与皱缩花叶型混生，出现黄斑坏死，叶片皱缩褪色为黄色斑驳，叶片密生坏死褐色小点，或生出不规则的黄色大斑块，叶脉变褐坏死（图 4）。

5. 芽枯型　病株茎部顶芽或侧芽初变为红褐色或褐色，萎缩卷曲，后变褐坏死，发脆易断，植株矮化。开花期表现症状多数为花芽萎蔫不结实。结荚期表现症状为豆荚上生圆形或不规则形褐色斑块，

图 3　大豆病毒病皱缩花叶型

图 4　大豆病毒病叶片黄斑型

豆荚多变为畸形（图 5）。

6. 褐斑粒型　籽粒斑驳，因豆粒脐部颜色而异：褐色脐的呈褐色，黄白色脐的呈浅褐色，黑色脐的呈黑色。播种带病种子，所结病荚种子上的斑纹明显，后期由蚜虫传播的感病植株上结的病荚里的种子很少产生褐斑斑纹。

图 5　大豆病毒病芽枯型

发生规律

大豆病毒病在流行规律上的显著特点：一是带毒种子长成的病苗为当年发病的侵染源，且脱毒困难；二是病害依靠蚜虫在田间不断传播，传毒方式为非持久型，即获毒快、传毒快，但失毒也快。经测定，蚜虫在病株上刺吸 30~60 s 就可带病毒，带毒蚜在健株上吸食 1 min 就可以传毒，持续传毒只有 75 min。因此，要求使用能够迅速击倒蚜虫的药剂来防治，否则达不到显著防病效果。

防治措施

1. 农业防治　建立无病留种田，选用无褐斑、饱满的豆粒作种子；加强肥水管理，培育健壮植株，增强抗病能力。

2. 治蚜防病　从苗期开始就要进行蚜虫的防治，防止和减少病毒的侵染。有条件的地方可铺银灰膜驱蚜，效果达 80%。也可在有翅蚜迁飞前进行防治，喷洒 40% 乐果乳油 1 000~2 000 倍液，或 2.5% 溴氰菊酯乳油 2 000~3 000 倍液，或 50% 抗蚜威可湿性粉剂 2 000 倍液，或 10% 吡虫啉可湿性粉剂 2 500 倍液。缺水地区也可喷撒 1.5% 乐果粉剂，每亩 1.5~2 kg。

3. 化学防治　可结合苗期蚜虫的防治施药。药剂可选用 0.5% 氨基寡糖素水剂 500 倍液，或 5% 菌毒清水剂 400 倍液，或 8% 宁南霉素水剂 800~1 000 倍液，或 0.5% 几丁聚糖水剂 200~400 倍液，或 0.5% 菇类蛋白多糖水剂 200~400 倍液，或 6% 烯・羟・硫酸铜可湿性粉剂 200~400 倍液喷雾，连续使用 2~3 次，隔 7~10 d 1 次。

四、大豆疫病

分布与为害

大豆疫病又称大豆疫霉根腐病，是由疫霉菌引起的大豆根腐和茎腐病，为大豆毁灭性病害，是重要的国际性检疫病害，只侵染豆科植物，如羽扇豆、菜豆、豌豆等。该病在大豆的整个生育期都可发生，一般发病田减产 30%~50%，高感品种损失达 50%~80%，甚至绝收（图 1）。

图 1 大豆疫病大田为害状

症状特征

大豆疫病为害大豆植株的根、茎、叶及部分豆荚，可引起根腐、茎腐、植株矮化、枯萎等症状，甚至导致大豆植株死亡。病种子播种后引起种子和幼芽出土前腐烂，或出土后幼苗发生猝倒。主根或侧根等根系受害后变褐腐烂，甚至完全腐烂。病茎由基部至第一分枝处产生褐色水渍状病斑，湿度大时易发生溃疡腐烂，病斑可向上断续蔓延达多个分枝处（图 2）。病斑延伸至叶柄，使叶柄基部变褐凹陷，叶片呈“八”字形下垂凋萎，但不脱落。成株期发病往往表现植株叶片由下而上萎蔫发黄，植株逐渐枯萎死亡（图 3），剖检茎秆可见髓部维管束变褐坏死。豆荚受害多从基部开始，病斑呈水渍状，逐渐扩展到整个豆荚，最后整个豆荚变褐干枯。病荚中的豆粒也可受到侵染，豆粒表面无光泽，淡褐色至黑褐色，皱缩干瘪，部分种子表皮皱缩后呈网纹状，豆粒变小。大豆植株各部位受大豆疫霉侵染发病后，通常伴随腐生菌二次侵染而呈褐色或黑褐色腐烂，并产生大量子实体，不但加重大豆发病，而且容易导致误诊。该病同枯萎病不易区分。

图 2　大豆疫病茎基部溃疡腐烂症状

图 3　大豆疫病为害叶片下垂凋萎、植株枯死症状

发生规律

大豆疫霉是典型的土壤真菌，只能以抗逆性很强的卵孢子随病残体在土壤中或混在种子中的土壤颗粒中越冬，成为翌年初侵染源。带有病菌的土粒被风雨吹溅到大豆上能引致初侵染，积水土中的游动孢子遇上大豆根以后，先形成休止孢子，后萌发侵入，产生菌丝在寄主细胞间蔓延，形成球状或指状吸器汲取营养，同时还可形成大量卵孢子。土壤中或病残体上卵孢子可存活多年。卵孢子经30 d休眠才能发芽。湿度高或多雨天气土壤黏重，易发病。重茬地发病重。

防治措施

1. 实施检疫　我国已将本病列为全国农业植物检疫对象和进境植物检疫一类危险性有害生物，应严格执行植物检疫规定；禁止种植带菌种子。

2. 农业防治　应用抗病和耐病品种；加强田间管理，适时中耕培土，收获后及时深翻土地；避免在低洼土地种植大豆，加强排水排涝，降低土壤湿度，减轻发病；与禾本科作物实行 3 年以上轮作。

3. 化学防治　播种时沟施甲霜灵颗粒剂，可防止根部侵染；播种前用种子重量 0.3% 的 35% 甲霜灵种子处理干粉剂拌种，或用 2% 宁南霉素水剂 500 mL 拌 50 kg 大豆种子，堆闷阴干后播种。必要时可采用化学药剂喷洒或浇灌防治，有效药剂有 25% 甲霜灵可湿性粉剂 800 倍液，或 58% 甲霜 · 锰锌可湿性粉剂 600 倍液，或 64% 噁霜 · 锰锌可湿性粉剂 900 倍液，或 72% 霜脲 · 锰锌可湿性粉剂 700 倍液，或 69% 烯酰 · 锰锌可湿性粉剂 900 倍液。

五、大豆灰星病

分布与为害

大豆灰星病在东北、华北及广东、广西、四川、湖北、河南等地大豆种植区都有发生，发病严重时引起落叶，植株焦枯死亡。

症状特征

大豆灰星病主要为害叶片，也可为害叶柄、茎和荚。叶片上病斑圆形、卵圆形或不规则形，直径 2~5 mm，初为淡褐色，有极细的暗褐色边缘，后期病斑呈灰白色，有时破裂穿孔，病斑上有明显的小黑点（分生孢子器）（图 1）。豆荚上病斑圆形，有淡红色边缘，病荚里的种子亦可受害。叶柄和茎上病斑长形，淡灰色或黄褐色，有淡紫色或褐色边缘。

图 1　大豆灰星病叶片症状

发生规律

病菌以子囊孢子和分生孢子器在大豆叶片等病株残体上越冬，成为翌年的初侵染源。翌年环境适合，病斑上产生分生孢子，借风、雨传播进行多次再侵染。在冷凉、湿润的气候条件下发病重，可引起早期落叶。

防治措施

1. 农业防治　选用抗病品种；精选无病种子，淘汰病粒；秋收后及时清除田间的病株残体并深翻土地，减少菌源；实行3年以上轮作。

2. 化学防治　于发病初期喷施75%百菌清可湿性粉剂700倍液，或36%甲基硫菌灵悬浮剂500倍液，或50%多菌灵可湿性粉剂800倍液等。

六、 大豆茎枯病

分布与为害

大豆茎枯病主要发生于大豆生长的中后期，对植株生长发育无明显影响。在我国华北、华中和东北等地部分豆田有发生。

症状特征

大豆茎枯病主要为害茎部。受害茎上初期生椭圆形灰褐色病斑，以后逐渐扩大成一块块黑色长条斑，上面密生小黑点（分生孢子器）（图 1）。该病初发生于茎下部，逐渐蔓延到茎上部，落叶后收获前植株茎上症状最为明显，易于识别。

图 1　大豆茎枯病茎秆上黑色长条斑及密生的黑色小点症状

发生规律

病菌以分生孢子器在病残体上越冬，成为翌年初侵染源。翌年遇适宜的温、湿度条件，分生孢子器释放分生孢子，借风雨传播侵染发病。该菌寄生性较弱，一般在植株长势弱或接近成熟时开始发病。

防治措施

大豆茎枯病主要采用农业措施防治。选用抗耐病的品种；大豆收获后及时清除田间病株残体，秋翻土地，减少菌源；实行轮作，减轻发病。

七、大豆枯萎病

分布与为害

大豆枯萎病是世界性发生的病害，曾造成 59% 的产量损失。该病在我国各大豆种植区呈零星发生，但为害严重，常造成植株死亡。近年在局部地区发生趋重。

症状特征

大豆枯萎病是系统性侵染整株性发生病害。发病植株生长矮小，染病初期叶片由下向上逐渐变黄至黄褐色萎蔫。幼苗发病后先萎蔫，茎软化，叶片褪绿或卷缩，呈青枯状，不脱落，叶柄也不下垂；病根发育不健全，幼株根系腐烂坏死，呈褐色并扩展至地上 3~5 节。成株期发病，病株叶片先从上往下萎蔫黄化枯死，一侧或侧枝先黄化萎蔫再累及全株（图 1）；病根褐色至深褐色呈干枯状坏死，剖开病部根系，可见维管束变为褐色；病茎明显缢缩，有褐色坏死斑，在病健部结合处髓腔中可见到约 0.5 cm 宽的粉红色菌丝，病健结合处以上部分呈褐色水渍

图 1　大豆枯萎病病株黄化萎蔫

状。后期在病株茎的基部产生白色絮状菌丝和粉红色胶状物，即病原菌丝和分生孢子。病茎部维管束变为褐色，木质部及髓腔不变色（图2, 图3）。

图2　大豆枯萎病病根、茎症状

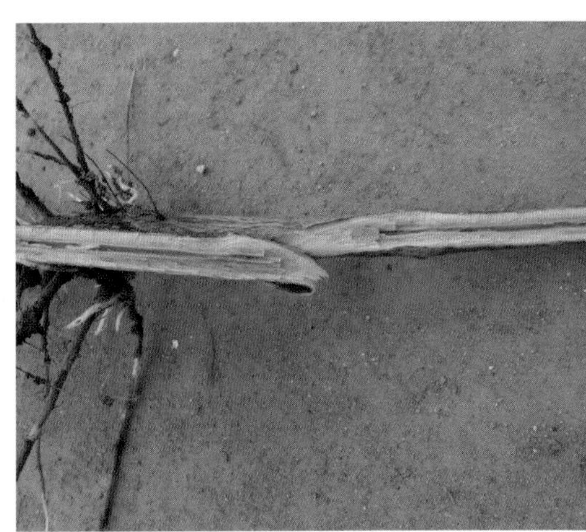
图3　大豆枯萎病茎部维管束褐变剖面症状

发生规律

本病为典型的土传病害，病菌由根部侵入导致整株发病。病菌以菌丝体、分生孢子和厚垣孢子随病残体在土壤中营腐生生活越冬，成为翌年的初侵染菌源。病菌通过幼根伤口侵入根部，然后进入导管系统，随蒸腾液流在导管内扩散，菌丝体充满木质导管或产生毒素，导致植株萎蔫枯死。在田间借灌溉水、昆虫或雨水溅射传播蔓延。高温高湿条件易发病。连作地、土质黏重、根系发育不良发病重。此外，大豆胞囊线虫密度大、根结线虫发生重的地块，枯萎病发生也较重。

防治措施

1. 农业防治　因地制宜选用抗枯萎病的品种；施用酵素菌沤制的堆肥或充分腐熟的有机肥，减少化肥施用量；闲耕时，田间覆盖塑料薄膜，利用热力进行土壤消毒；发现病株及时拔除，带出田外销毁。

2.化学防治　处理种子是防治大豆枯萎病的主要措施，可用种子重量1.2%~1.5%的35%多·福·克悬浮种衣剂，或种子重量0.2%~0.3%的2.5%咯菌腈悬浮种衣剂，或种子重量1.3%的2%宁南霉素水剂拌种。发病初期，可用70%甲基硫菌灵可湿性粉剂800倍液，或50%多菌灵可湿性粉剂500倍液，或10%混合氨基酸铜络合物水剂300倍液，或50%琥胶肥酸铜可湿性粉剂500倍液淋穴，每穴喷淋药液300~500 mL，间隔7 d喷淋1次，共防治2~3次。

八、 大豆褐斑病

分布与为害

大豆褐斑病在我国各豆区普遍发生，南方重于北方，主要为害叶片，造成叶片层层脱落，可致大豆减产8%~15%。

症状特征

大豆褐斑病主要为害叶片，多从植株基部叶片开始发病，逐渐向上扩展。子叶上病斑圆形，黄褐色，略凹陷，后期病斑干枯，上生微小黑点（分生孢子器）。成株期叶片上病斑受叶脉所限呈多角形，直径1~5 mm，最初为黄褐色，以后逐渐变为褐色至黑褐色，后期病斑中央变灰褐色，上面产生许多小黑点。病害严重时叶片上病斑愈合成大斑块，致使病叶干枯，叶片自下而上逐渐脱落（图1）。叶柄和茎受到为害时，产生暗褐色短条状边缘不清晰的病斑。荚上的病斑为不规则褐色斑点。

图1 大豆褐斑病叶片症状

发生规律

病菌以分生孢子器或菌丝体在大豆病叶、病荚等病残体或种子上越冬，成为翌年的初侵染源。种子带菌引致幼苗子叶发病。在病残体上越冬的病菌释放出分生孢子，借风雨传播，先侵染植株底部叶片引起发病，然后进行重复侵染向上部叶片蔓延。侵染叶片的温度范围为16~32 ℃，28 ℃最适，潜育期10~12 d。温暖潮湿天气有利于侵染发病，夜间多雾和结露持续时间长，发病重。密植的大豆田发病重。

防治措施

1. 农业防治　选用抗病品种；实行 3 年以上轮作；收获后及时清除田间病株残体并深翻土地，减少菌源。

2.化学防治　于发病初期喷洒75%百菌清可湿性粉剂600倍液，或50%琥胶肥酸铜可湿性粉剂500倍液，或14%络氨铜水剂300倍液，或77%氢氧化铜可湿性粉剂500倍液，或12%松脂酸铜乳油600倍液，或30%碱式硫酸铜悬浮剂300倍液，或3%多抗霉素可湿性粉剂1 000~2 000倍液，间隔10 d左右防治1次，防治1~2次。

九、大豆细菌斑点病

分布与为害

大豆细菌斑点病在我国各大豆种植区均有发生。发病重时可造成叶片提早脱落而减产。

症状特征

大豆细菌斑点病主要为害大豆叶片，也可为害幼苗、叶柄、茎、豆荚及豆粒。幼苗染病，子叶生半圆形或近圆形褐色斑。叶片病斑初期呈褪绿小斑点，半透明水浸状，渐变为黄色至淡褐色，扩大后呈多角形或不规则形，直径3~4 mm，病斑中间深褐色至黑褐色，外围具一圈窄的褪绿晕环。植株受害严重时，病斑密布叶片，病斑融合后成枯死斑块，病斑中央常破裂脱落（图 1）。湿度大时，叶上病斑背面常溢出白色菌脓。叶柄及茎部染病，病斑初呈暗褐色水渍状长条形，扩展后为不规则状，稍凹陷。荚上病斑初

图 1 大豆细菌斑点病叶片症状

为红褐色小点，后变黑褐色，多集中于豆荚合缝处。种子上病斑呈不规则形，褐色，上覆一层细菌菌脓。

发生规律

病菌在种子上或病残体上越冬，成为翌年的初侵染源。病菌在未腐烂的病叶中可存活 1 年，在土壤中不能永久存活。播种带菌种子，出苗后即可发病，成为该病扩展中心，后病菌借风雨传播蔓延。多雨、低温的天气利于发病，尤其是暴风雨后，叶面伤口多，有利于病菌侵入，发病重。

防治措施

1. 农业防治 选用抗病品种；选用健康种子，汰除病粒；与禾本科作物实行 3 年以上轮作；施用充分腐熟的有机肥；收获后及时清除田间病株残体并深翻土地，减少菌源。

2. 化学防治 播种前按种子重量用 0.3% 的 50% 福美双可湿性粉剂，或 0.5%~1% 的 20% 噻菌铜悬浮剂进行拌种。发病初期喷洒 30% 碱式硫酸铜悬浮剂 400 倍液，或 72% 农用链霉素可湿性粉剂 3 000~4 000 倍液，或 72% 新植霉素 3 000~4 000 倍液，或 30% 琥胶肥酸铜悬浮剂 500 倍液，或 20% 噻菌铜悬浮剂 500 倍液，或 15% 络氨铜水剂 500 倍液，视病情防治 1~2 次。

十、大豆紫斑病

分布与为害

大豆紫斑病在我国各大豆种植区普遍发生。该病为害的主要症状是形成紫斑病粒，病粒多龟裂、瘪小，丧失生活力，严重影响籽粒质量，但对产量影响不明显。感病品种的紫斑病粒率为15%~20%，严重时在50%以上。

症状特征

大豆紫斑病主要为害豆荚和豆粒，也可侵染叶和茎。苗期染病，子叶上产生褐色至赤褐色圆形斑，云纹状。真叶染病初生紫色圆形小点，散生，扩展后形成多角形褐色或浅灰色斑（图1）。茎秆染病形成长条状或梭形红褐色斑，严重的整个茎秆变成黑紫色，上生稀疏的灰黑色霉层。豆荚受害形成圆形或不规则形病斑，病斑较大，灰黑色，边缘不明显，干后变黑，病荚内层生不规则紫色斑，内浅外深（图2）。豆粒受害，

图1　大豆紫斑病叶片症状

图2　大豆紫斑病豆荚及茎秆受害状

仅在种皮表现出症状，不深入内部；病斑形状不定，大小不一。症状因品种及发病时期不同而有较大差异，多呈紫色，有的呈青黑色，在脐部四周形成浅紫色斑块，严重的整个豆粒变为紫色，有的龟裂。

发生规律

病菌以菌丝体潜伏在种皮内或以菌丝体和分生孢子在病残体上越冬，成为翌年的初侵染源。如播种带菌种子，病菌从种皮扩展到子叶，引起子叶发病并产生大量的分生孢子，然后借风雨传播到叶片、豆荚和籽粒上进行再侵染。大豆开花和结荚期多雨，气温偏高，发病重。连作地及早熟品种发病重。

防治措施

1. 农业防治　选用抗病品种，一般抗病毒的品种比较抗紫斑病；大豆收获后及时清除病残体并进行秋耕，减少初侵染源；严格精选种子，汰除病粒。

2.化学防治　播种前，用50%福美双可湿性粉剂按种子重量的0.3%拌种，或用80%乙蒜素乳油5 000倍液浸种。开花始期、蕾期、结荚期、嫩荚期各喷1次30%碱式硫酸铜悬浮剂400倍液，或50%多·霉威可湿性粉剂1 000倍液，或80%乙蒜素乳油1 000~1 500倍液，或50%苯菌灵可湿性粉剂1 500倍液，或36%甲基硫菌灵悬浮剂500倍液。

十一、大豆黑斑病

分布与为害

大豆黑斑病在我国大豆种植区均有发生。该病常发生于大豆生育后期，对产量影响很小。大豆黑斑病菌还可侵染芹菜、甘蓝、莴苣、萝卜等多种作物，其寄主范围很广。

症状特征

大豆黑斑病病原菌主要为害叶片和豆荚。叶片染病，一般病斑呈不规则形，直径 5~10 mm，褐色，具同心轮纹，上生黑色霉层（分生孢子梗和分生孢子）（图 1）。荚上生圆形或不规则形黑斑，其上密生黑色霉层。荚皮破裂后侵染豆粒受害。

图 1 大豆黑斑病叶片症状

发生规律

病原物多为链格孢属病菌，以菌丝体或分生孢子在大豆病叶、病荚等病残体上越冬，成为翌年的初侵染源。病菌在田间借风雨传播，进行再侵染。高温多湿天气有利于发病。

防治措施

1. 农业防治 大豆收获后及时清除病株残体并深翻土地，减少初侵染源。

2. 化学防治 发病严重的地块，在发病初期选用75%百菌清可湿性粉剂600倍液，或58%甲霜·锰锌可湿性粉剂500倍液，或25%丙环唑乳油2 000~3 000倍液，或3%多抗霉素可湿性粉剂1 000~2 000倍液，或64%噁霜·锰锌可湿性粉剂500倍液均匀喷雾，视病情间隔7~10 d喷施1次，连防2~3次。

十二、大豆霜霉病

分布与为害

大豆霜霉病在我国各大豆种植区均有发生。该病可引起叶片早落或凋萎，种子受害霉变，一般发病田可减产 6%~15%，种子受害率 10% 左右，重发病田减产 30%~50%。

症状特征

图 1　大豆霜霉病叶片正面症状

大豆霜霉病主要为害幼苗或成株叶片、豆荚及豆粒。种子带菌可引起幼苗发生系统侵染，但子叶不表现症状，从第 1 对真叶基部出现褪绿斑块，沿主脉、侧脉扩展，造成全叶褪绿，以后全株的叶片均可显症。花期前后雨多或湿度大，病斑背面生灰色霉层，病叶转黄变褐而干枯。成株期叶片表面生圆形或不规则形病斑，黄绿色，边缘不清晰（图 1），后变褐色，叶片背面生灰白色至淡紫色霉层（图 2, 图 3）。

发病严重时，多个病斑汇合成大的斑块，使病叶干枯。豆荚染病外部症状不明显，但荚内常出现黄色霉层，即病菌菌丝和卵孢子，受害豆粒发白、无光泽，表面附一层黄白色或灰白色粉末状霉层。

图 2 大豆霜霉病叶片背面症状

图 3　大豆霜霉病叶片背面症状局部放大

发生规律

病菌以卵孢子在种子上或病残体上越冬，成为翌年的初侵染源，其中种子上附着的卵孢子是最主要初侵染源，病残体上的卵孢子侵染机会少。卵孢子随种子发芽而萌发，产生游动孢子，从寄主胚轴侵入，进入生长点，向全株蔓延成为系统侵染病害，病苗则成为田间再侵染源。病菌在田间主要借风雨传播。播种后低温多湿有利于侵染，豆株以展叶5~6 d 时最易感病，8 d 已有抗病力。多雨年份发病严重。品种间抗性差异大。

防治措施

1. 农业防治　选育和利用抗病品种；选用健康无病种子，严格清除病粒；增施磷、钾肥，提高植株抗病能力；实行 3 年以上轮作；及时铲除病苗，减少初侵染源。

2. 化学防治　播种前用种子重量 0.3% 的 90% 三乙膦酸铝可溶粉

剂或 35% 甲霜灵种子处理干粉剂拌种。发病初期可喷洒 40% 百菌清悬浮剂 600 倍液，或 25% 甲霜灵可湿性粉剂 800 倍液，或 58% 甲霜・锰锌可湿性粉剂 600 倍液。对上述杀菌剂产生抗药性的地区，可改用 69% 烯酰・锰锌可湿性粉剂 900~1 000 倍液，或 50% 嘧菌酯水分散粒剂 2 000~2 500 倍液。

十三、大豆炭疽病

分布与为害

大豆炭疽病普遍发生于我国各大豆种植区，严重发生时减产50%以上。

症状特征

大豆炭疽病主要为害茎秆和豆荚，也可为害幼苗和叶片。种子带菌可引起出苗前或出苗后发生腐烂或猝倒症状，可侵染子叶产生暗褐色凹陷溃疡斑，病斑可扩展至整个子叶。气候潮湿时，子叶上的溃疡斑呈水浸状，子叶很快萎蔫、脱落。子叶上的病菌可从子叶扩展到叶柄和叶片上，引起叶柄发生溃疡，叶片上发病可产生边缘深褐色、内部浅褐色的不规则形病斑，病斑上生粗糙刺毛状黑点，即分生孢子盘（图1）。茎秆上病斑为椭圆形或

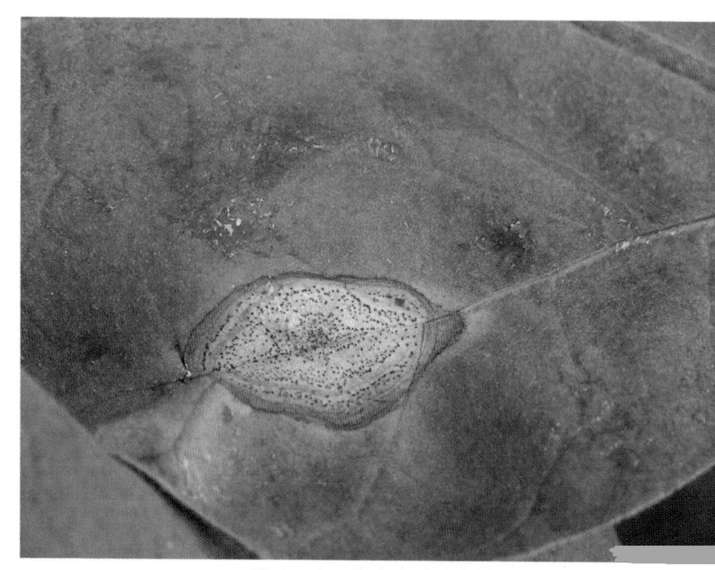

图1　大豆炭疽病叶片症状

不规则形，初生红褐色，渐变为褐色，最后变为灰色，其上密布呈不规则排列的小黑点。豆荚上病斑圆形或不规则形，红褐色，后变为灰褐色，有时呈溃疡状，略凹陷，其上密生略呈轮纹状排列的小黑点。植株受害严重时，病荚不能结实或荚内种子发霉，豆粒呈暗褐色皱缩干瘪。

发生规律

病菌以菌丝体或分生孢子盘在病株或病种上越冬，成为翌年的初侵染源。种子带菌或大豆苗期遇低温，大豆发芽出土慢，容易引起幼苗发病。大豆各生育期都可感病，但在开花至鼓豆期最易感病。高温多雨年份发病重。

防治措施

1. 农业防治 选用抗病品种及无病种子；收获后及时清除病残体、深翻，减少越冬菌源；实行 3 年以上轮作；合理密植，避免施氮肥过多，提高植株抗病力；勤除田间杂草，及时中耕培土；雨后及时排除积水，降低田间湿度。

2. 化学防治 播种前用种子重量 0.4% 的 50% 多菌灵可湿性粉剂或 50% 异菌脲可湿性粉剂拌种，拌后闷种 3~4 h，也可用种子重量 0.3% 的 10% 福美 · 拌种灵悬浮种衣剂包衣。在大豆开花后，可选用 75% 百菌清可湿性粉剂 800 倍液，或 50% 多菌灵可湿性粉剂 600 倍液，或 25% 溴菌腈可湿性粉剂 500 倍液，或 47% 春雷 · 王铜可湿性粉剂 600 倍液，或 50% 咪鲜胺可湿性粉剂 1 000 倍液，每隔 10 d 喷施 1 次，视病情连喷 2~3 次。

十四、大豆灰斑病

分布与为害

大豆灰斑病又称斑点病或蛙眼病，是世界性病害，也是我国大豆主产区的重要病害。病害流行年份，可造成大豆减产 5%~10%，严重时减产 30%~50%，蛋白质和油分含量均不同程度降低。

症状特征

大豆灰斑病对大豆叶、茎、荚、籽实均能造成为害，尤以侵害叶片为重，子叶上病斑圆形、半圆形或椭圆形，深褐色，略凹陷；叶片上病斑多为圆形、椭圆形或不规则形，中央灰白色，边缘红褐色（图 1），气候潮湿时叶片背面生密集的灰色霉层（分生孢子梗和分生孢子），严重时一叶片上可生几十个病斑，似出“疹子”，叶片提早干枯脱落。茎和叶柄上在结荚后产生椭圆形或纺锤形病斑，中央褐色，边缘红褐色，后期中央灰色，边缘黑褐色，其上密布微细的小黑点。荚上病斑圆形或椭圆形，中央灰色，边缘黑褐色。病粒上病斑圆形或不规则形，中央灰色，边缘红褐色，形似蛙眼，粗糙不平。

图 1　大豆灰斑病叶片症状

发生规律

大豆灰斑病菌以分生孢子或菌丝体在种子或病株上越冬，成为翌年的侵染源。播种带病种子，病菌直接为害子叶，造成幼苗发病。发病子叶产生分生孢子，借气流传播，再次传染成株期大豆。在病株体内越冬的菌丝团，在温湿度适宜时，便产生分生孢子，直接为害成株期叶片和茎部。

苗期受害程度与种子带菌率的高低和播种后到出苗期的土壤温湿度有关，种子带菌率高，发病重。播种后到出苗期低温高湿发病重。抗病品种发病轻。

防治措施

1. 农业防治　选种抗病品种，播种前彻底清除病粒；清除田间病株残体，并进行翻耕或轮作倒茬；及时中耕除草，排除田间积水，减轻发病。

2. 化学防治　在发病盛期前，选用 50% 多菌灵可湿性粉剂 500~800 倍液，或 70% 甲基硫菌灵可湿性粉剂 500~800 倍液，或 70% 代森锰锌可湿性粉剂 500 倍液，或 3% 多抗霉素可湿性粉剂 1 000~2 000 倍液，间隔 7~10 d 喷 1 次，连续防治 2~3 次。

十五、大豆耙点病

分布与为害

大豆耙点病是大豆生产中的常见病害，在全国各地分布普遍，除为害大豆外，还为害蓖麻、棉花、豇豆、黄瓜、菜豆、小豆、辣椒、芝麻、番茄、西瓜等多种作物。

症状特征

大豆耙点病主要为害叶片、叶柄、茎、荚及种子。叶片上病斑圆形或不规则形，直径10~15 mm，浅红褐色，病斑四周多具有浅黄绿色晕圈，病斑较大时会有轮纹，可造成早期落叶（图1）。叶柄、茎上病斑长条形，暗褐色。病荚上病斑圆形，稍凹陷，中间暗紫色，四周褐色，发生严重时豆荚上密生黑色霉状物。

图 1　大豆耙点病叶片症状

发生规律

病菌以菌丝体或分生孢子在病株残体上越冬，成为翌年初侵染菌源，也可在休闲地的土壤里存活 2 年以上。多雨和相对湿度在 80% 以上时，易造成其发病。

防治措施

1. 农业防治　选用抗病品种，从无病株上留种并进行种子消毒；选择排水良好、高燥地块种植大豆，与非寄主植物实行 3 年以上轮作；播种前深翻土地，施足底肥，保持较好的底墒，雨后须及时排水；秋收后及时清除田间的病残体，减少菌源。

2.化学防治　发病初期，选用50%噻菌灵可湿性粉剂600~800倍液+70%多霉灵可湿性粉剂800~1 000倍液，或70%甲基硫菌灵可湿性粉剂600~800倍液+70%代森锰锌可湿性粉剂500~600倍液；或50%腐霉利可湿性粉剂800倍液+75%百菌清可湿性粉剂800倍液；或50%异菌脲可湿性粉剂800倍液+50%福美双可湿性粉剂500倍液；或50%咪鲜胺锰络化合物可湿性粉剂1 000~2 000倍液，均匀喷施，视病情间隔7~10 d防治1次，连续防治2~3次。

十六、大豆细菌性斑疹病

分布与为害

大豆细菌性斑疹病又称大豆细菌性叶烧病，在国内南、北方大豆种植区均有发生，从幼苗到成株均可发病为害，除侵染大豆外，还可为害菜豆（图 1）。

图 1　大豆细菌性斑疹病大田为害症状

症状特征

大豆细菌性斑疹病主要为害叶片、叶柄、茎部、豆荚等。受害叶片病斑初呈浅绿色小点，后变红褐色，病斑直径 1~2 mm，因病斑中央叶肉组织细胞分裂快，体积增大，细胞木栓化隆起，形成小疱状斑，表皮破裂后似火山口成为斑疹状，发病严重时叶上病斑累累，融合后形成大块褐色枯斑，似火烧状（图 2，图 3）。豆荚发病初生红褐色圆形小点，后变成黑褐色枯斑。

图 2　大豆细菌性斑疹病叶片疱状斑及斑疹症状

图 3　大豆细菌性斑疹病叶片疱状斑及斑疹症状局部放大

发生规律

病菌主要在病种子及病残体上越冬，成为翌年的初侵染源，在田间借风雨传播进行再侵染。大豆开花期至收获前发病较多。

防治措施

1. 农业防治　选用抗病品种，精选无病种子，播种前进行种子消毒；与禾本科作物实行 3~4 年轮作；收获后及时深翻，减少菌源。

2. 化学防治　发病初期可选用 30% 碱式硫酸铜悬浮剂 400 倍液，或 30% 氧氯化铜悬浮剂 800 倍液喷雾。

十七、大豆细菌性角斑病

分布与为害

大豆细菌性角斑病除为害大豆外，还为害小豆、豇豆等豆科植物。

症状特征

大豆细菌性角斑病可为害幼苗、叶片、叶柄、茎及豆荚。叶片受害，初生水渍状浅绿色小斑点，后逐渐扩大到1~2 mm，淡褐色，因受叶脉限制，病斑呈多角形（图1）；湿度大时，病斑上产生白色黏液；发病严重时，病斑密集成片，病叶收缩，干枯死亡。在子叶、叶柄、茎及豆荚上的病斑症状与叶片上症状相似。

图1　大豆细菌性角斑病叶片症状

发生规律

病菌在种子或随病株残体在土壤中越冬，成为翌年的侵染来源。播种带病种子，引起幼苗发病。病害的扩大再侵染是通过风、雨、气流、农事操作等途径传播。在高温、多雨、地势低洼、管理不当、连作时发病严重，磷、钾肥不足时发病也重。

防治措施

1. 农业防治　选用抗病力强的品种，精选无病种子；及时清除田间病株，减少田间病源。

2. 化学防治　发病初期可用30%碱式硫酸铜悬浮剂400倍液，或72%农用链霉素可湿性粉剂3 000~4 000倍液，或72%新植霉素3 000~4 000倍液，或30%琥胶肥酸铜悬浮剂500倍液，或20%噻菌铜悬浮剂500倍液，或15%络氨铜水剂500倍液，每隔10 d喷1次，连喷2~3次。

十八、大豆胞囊线虫病

分布与为害

大豆胞囊线虫病在我国多数大豆种植区有发生，一般轻发病田减产 10%~20%，重发病田减产 30%~50%，甚至绝收。该线虫可寄生于豆科、玄参科等 170 余种植物上。

症状特征

在大豆整个生育期，胞囊线虫均能为害，主要为害根部。苗期受害，病株子叶和真叶变黄，生育停滞枯萎。被害植株矮小，花芽簇生，节间短缩，叶片黄化，开花期延迟，不能结荚或结荚少，重病株花及嫩荚枯萎，整株叶片由下向上枯黄似火烧状。被寄生主根一侧鼓包或破裂，露出白色亮晶微小如面粉粒的胞囊，侧根发育不良，须根增多，严重时整个根系呈发丝状须根团（图 1）。

图 1　大豆胞囊线虫根部胞囊及为害状

被害根很少或不结瘤，由于胞囊撑破根皮，根液外渗，导致次生土传根病加重或造成根腐。

发生规律

大豆胞囊线虫是一种定居型内寄生线虫。以卵、胚胎卵和少量幼虫在胞囊内于土壤中越冬，有的黏附于种子或农具上越冬，成为翌年初侵染源，胞囊角质层厚，在土壤中可存活 10 年以上。胞囊线虫自身蠕动距离有限，主要通过农事耕作、田间水流或借风携带传播，也可混入未腐熟堆肥或种子携带远距离传播。虫卵越冬后，以 2 龄幼虫破壳进入土中活动，寻找大豆幼苗根系侵入，寄生于根的皮层中，以口针吸食，虫体露于其外。雌雄交配后，雄虫死亡。雌虫体内形成卵粒，膨大变为胞囊。胞囊落入土中，卵孵化可再侵染。土壤内线虫量大，是发病和流行的主要因素。盐碱土、沙质土发病重。连作田发病重。

防治措施

1. 农业防治 选用抗病品种；与禾本科作物实行 3~5 年轮作，避免连作、重茬。

2. 化学防治

（1）种子处理：播种前用 35% 甲基环硫磷乳油或 35% 乙基环硫磷乳油按种子重量的 0.5% 拌种，或每 10 kg 种子用 35% 多菌灵 · 福美双 · 克百威悬浮种衣剂 60 g 包衣。

（2）土壤处理：每亩可选用 0.5% 阿维菌素颗粒剂 2~3 kg，或 3% 克线磷颗粒剂 5 kg，拌适量干细土混匀，在播种时撒入播种沟内。

十九、大豆菟丝子

分布与为害

大豆菟丝子为寄生性种子植物，普遍发生于我国各大豆产区。在大豆苗期开始为害，菟丝子以茎蔓缠绕大豆，产生吸盘伸入寄主茎内吸取养分，导致受害大豆茎叶变黄、矮小、结荚少，一般受害田减产5%~10%，严重的减产可达40%以上，甚至造成全株黄枯而死（图1，图2）。

图1　大豆菟丝子田间为害状（1）

图2　大豆菟丝子田间为害状（2）

症状特征

大豆菟丝子无根，叶呈鳞片状、膜质。茎黄色，纤细，光滑无毛，缠绕于大豆茎上（图3），其茎与寄主的茎接触后产生吸器，附着在寄主表面吸收营养和水分，营寄生生活（图 4，图 5）。花黄白色，多簇生在一起，呈绣球状。花梗短粗，苞片 2 个，花萼及花冠 5 裂，基部相连呈杯状，花药卵形。蒴果扁球形，外包萼片和花冠（图 6）。种子椭圆形，大小（1~1.5）mm ×（0.9~1.2）mm，浅黄褐色或黑褐色，表面粗糙。

图 3 大豆菟丝子茎缠绕症状

图 4 大豆菟丝子缠绕为害状

图 5 处于花期的大豆菟丝子为害状

图 6 大豆菟丝子果实

发生规律

大豆菟丝子主要靠种子传播，以成熟的种子脱落在土壤中或混入大豆种子或粪肥中休眠越冬，进行传播。经越冬后的种子，翌年春末夏初，当温湿度适宜时种子萌发，长出淡黄色细丝状的幼苗。随后不断生长，藤茎上端部分在空中旋转，向四周伸出，当碰到寄主植物时，便紧贴其上缠绕，在其接触点形成吸盘，并伸入寄主体内吸取水分和养料，此期茎基部逐渐腐烂或干枯，藤茎上部分与土壤脱离，靠吸盘从寄主体内获得水分、养料，不断分枝生长，开花结果，繁殖蔓延为害。夏季阴雨连绵，湿度大，菟丝子蔓延快，对大豆的为害也大。

防治措施

1. 农业防治　精选种子，防止菟丝子种子混入；在田间发现菟丝子应及早拔除；大豆收获后深翻土地，抑制菟丝子种子萌发；农家肥要充分腐熟，使菟丝子种子失去发芽力或沤烂。

2. 生物防治　菟丝子蔓延初期喷洒鲁保 1 号生物农药，药剂浓度为 1 mL 水中含孢子 1 000 万 ~5 000 万个，即每亩用 250~400 g 药剂对水 100 kg 喷雾，或亩用 48% 仲丁灵乳油 100~200 倍液喷雾，以在阴天或小雨天气喷洒效果好，晴天应在下午 4 时后喷洒。隔 7 d 喷 1 次，连续防治 2~3 次。喷药前应将菟丝子人为造成伤口，以提高防效。

第二部分 大豆害虫

一、豆　蚜

分布与为害

豆蚜在我国各大豆种植区均有发生。除为害大豆，还为害野生大豆、鼠李、圆叶鼠李等。成蚜、若蚜集中在豆株的顶部嫩叶、嫩茎上刺吸汁液，严重时布满整个植株的茎、叶和荚（图1~3），造成大豆茎叶卷缩，根系发育不良，分枝结荚减少。苗期发生严重时可致整株枯死。轻者可致减产20%~30%，重者可致减产50%以上。此外还可传播大豆花叶病毒病。

图1　大豆茎秆被害状

图2　大豆叶柄被害状

图3　大豆豆荚被害状

形态特征

豆蚜具有多型多态现象。

有翅孤雌蚜：长椭圆形，体长 1~1.6 mm，头、胸黑色，腹部黄绿色。触角 6 节，与体等长，第 6 节鞭状部长于基部 4 倍；腹管圆筒形，黑色，基部比端部粗 2 倍，上有瓦片状纹；尾片黑色，圆锥形，具长毛 7~10 根；臀板末端钝圆，多细毛。

无翅孤雌蚜：与有翅孤雌蚜相似，无翅，黄白色。触角 5 节，短于体长。腹管黑色，圆筒形，基部稍宽，有瓦片状纹（图 4）。

雌性蚜：形态与无翅孤雌蚜相似，但进行有性繁殖。

雄蚜：有翅，体狭长，腹部瘦小弯曲，外生殖器明显，有抱器一对和阳具。

卵：长椭圆形，初产时黄色，渐变为绿色，最后变为光亮的黑色。

若蚜：形态似成虫，无翅（图 5）。

图 4　大豆蚜无翅孤雌蚜

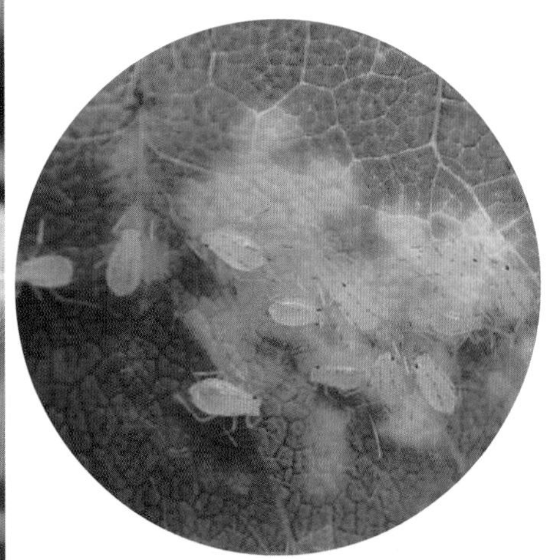

图 5　大豆蚜若蚜

发生规律

豆蚜在东北1年发生10多代，在河南、山东等地1年发生约20代，以卵在鼠李和圆叶鼠李枝条上芽侧或缝隙中越冬。翌年春节，鼠李芽鳞转绿到芽开绽，日均温高于10 ℃以上时，越冬卵孵化为干母（无翅孤雌蚜），孤雌胎生繁殖1~2代后，产生有翅孤雌蚜迁飞至大豆田，孤雌繁殖为害大豆幼苗。6月下旬至7月中旬进入为害盛期，多集中在植株顶梢和嫩叶上取食汁液。8月后由于气温和营养条件逐渐对蚜虫不利，蚜量随之减少。9月初气温下降，开始产生有翅母蚜迁回鼠李上，产生能产卵的无翅雌蚜与从大豆田迁飞来的有翅雄蚜交配，又把卵产在鼠李上越冬。6月下旬至7月上旬，旬平均温度22~25 ℃，相对湿度低于78%，有利于其大发生。

防治措施

1. 农业防治 因地制宜选用优良抗蚜品种；及时铲除田边、沟边、塘边杂草，减少虫源。

2. 物理防治 利用银灰色膜避蚜和黄板诱杀蚜虫。

3. 生物防治 保护和利用瓢虫、草蛉、食蚜蝇、小花蝽、蚜小蜂、烟蚜茧蜂、菜蚜茧蜂、草间小黑蛛等天敌控制蚜虫。

4.化学防治 当田间卷叶株率达5%~10%，或有蚜株率达20%~30%，或百株蚜量1 000头以上，气候适宜，天敌较少不能控制时，应开展药剂防治。每亩用30%甲氰·氧乐果乳油30~40 mL，或20%氰戊菊酯乳油10~20 mL，或4%高氯·吡虫啉乳油30~40 mL，或50%抗蚜威水分散粒剂10~15 mL，对水40~50 kg，均匀喷雾；也可选用20%哒嗪硫磷乳油800倍液喷雾防治。

二、豆天蛾

分布与为害

图 1　豆天蛾幼虫为害豆叶成网状和缺刻状

豆天蛾在我国各大豆种植区均有发生。主要寄主植物有大豆、绿豆、豇豆和刺槐等。以幼虫取食大豆叶片，低龄幼虫吃成网孔和缺刻（图 1），高龄幼虫大发生时，可将豆株吃成光秆，使之不能结荚，局部甚至可暴发成灾。

形态特征

成虫：体长 40~45 mm，翅展 100~120 mm。体、翅黄褐色，有的略带绿色。头、胸背面有暗紫色纵线，腹部背面各节后缘有棕黑色横纹。前翅狭长，有 6 条浓色的波状横纹，近顶角有 1 个三角形褐色斑。后翅小，暗褐色，基部和后角附近黄褐色（图 2）。

图 2　豆天蛾成虫

卵：椭圆形或球形，初产黄白色，孵化前变褐色（图 3）。

幼虫：5 龄老熟幼虫体长约 90 mm，黄绿色，体表密生黄色小突起。腹部每节两侧各有 7 条向背面后方倾斜的黄白色斜线。臀背具尾角 1 个，短而向下弯曲（图 4~6）。

蛹：长约 50 mm，红褐色。头部口器突出，略呈钩状，腹末臀棘三角形。

图 3　豆天蛾卵

图 4　豆天蛾幼虫

图 5　豆天蛾幼虫腹面

图 6　豆天蛾幼虫蜕皮

发生规律

豆天蛾在河南、河北、山东、江苏等省 1 年发生 1 代，湖北 1 年发生 2 代。以老熟幼虫在 9~12 cm 土层越冬，越冬场所多在豆田及其附近土堆边、田埂等向阳地。1代发生区一般在6月中旬，当表土温度达24 ℃左右时化蛹，7月上旬为羽化盛期，7月中下旬至8月上旬为产卵盛期，7月下旬至8月下旬为幼虫发生盛期，9月上旬幼虫老熟入土越冬。2代发生区，5月上旬化蛹和羽化，第1代幼虫发生期在5月下旬至7月上旬，第2代幼虫发生期在7月下旬至9月上旬，其中以8月中下旬为为害高峰期，9月中旬后幼虫老熟入土越冬。成虫昼伏夜出，白天栖息于生长茂盛的作物茎秆中部，傍晚开始活动，飞翔力强，可做远距离高飞，有喜食花蜜的习性，对黑光灯有较强的趋性。成虫交尾后3 d即能产卵，卵多散产于豆株叶背面，少数产在叶正面和茎秆上，每叶1粒或多粒，每头雌虫平均产卵350粒，卵期6~8 d。幼虫共5龄，初孵幼虫有背光性，3龄后因食量增大有转株为害习性。豆天蛾在化蛹和羽化期间，如果雨水适中，分布均匀，发生就重；雨水过多,则发生期推迟；天气干旱不利于豆天蛾的发生。植株生长茂密，地势低洼，土壤肥沃的淤地发生较重。大豆品种不同，受害程度有异，以早熟、秆叶柔软、蛋白质和脂肪含量高的品种受害较重。

防治措施

1. 农业防治 选择成熟晚、秆硬、皮厚、抗涝性强的抗虫品种；水旱轮作，尽量避免豆科植物连作；及时秋耕、冬灌，降低越冬基数。

2. 物理防治 利用成虫较强的趋光性，设置黑光灯、杀虫灯诱杀成虫。

3. 生物防治 用杀螟杆菌或青虫菌(每克含孢子量80亿~100亿)500~700倍液，每亩用菌液50 kg。保护利用赤眼蜂、寄生蝇、草蛉、瓢虫等天敌。

4. 化学防治 于幼虫3龄前喷药防治。可选用90%晶体敌百虫800~1 000倍液，或45%马拉硫磷乳油1 000~1 500倍液，或5%丁烯氟虫腈悬浮剂3 000倍液，或20%杀灭菊酯乳油2 000倍液，或16 000 IU/mg苏云金杆菌可湿性粉剂300~500倍液，均匀喷雾。

三、豆秆黑潜蝇

分布与为害

豆秆黑潜蝇广泛分布于我国南方、黄淮等大豆种植区。本虫主要为害大豆，还为害绿豆、赤豆、四季豆、豇豆、毛豆(青大豆)等豆科植物，在白菜、菜心、芥蓝等蔬菜作物上也可发生为害。幼虫在作物主茎、侧枝和叶柄内钻蛀为害（图 1)，形成隧道，影响水分、养分的输导，使受害作物叶片黄化，植株矮小，严重时枯死。苗期受害，多造成根茎部肿大，叶柄表面褐色，全株铁锈色，比健株显著矮化，重者茎中空，叶脱落，以致死亡（图 2，图 3)。

图 1　豆秆黑潜蝇蛀孔

图 2　豆秆黑潜蝇为害，顶芽枯死

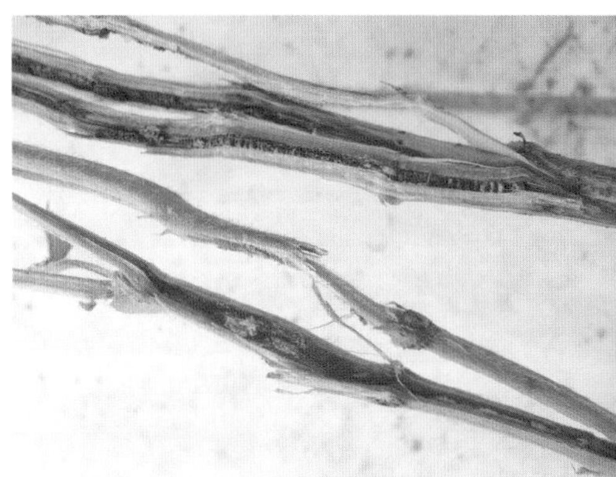

图 3　豆秆黑潜蝇幼虫及为害主茎横切面症状

成株期受害则造成豆荚减少，秕粒增多，对作物产量、品质影响极大。

形态特征

成虫：体长 2.5 mm 左右，黑色，腹部有蓝绿色光泽。复眼暗红色；触角 3 节，第 3 节钝圆，其背面中央生有 1 根长于触角 3 倍的触角芒。前翅膜质透明，有淡紫色金属光泽，亚前缘脉发达，平衡棍全黑色。

卵：椭圆形，初呈乳白色，稍透明，渐变为淡黄色。

幼虫：蛆形，体长 2.4~2.6 mm，淡黄白色或粉红色。口钩黑色，第 1 腹节上生有 1 对很小的前气门，第 8 腹节有 1 对淡灰棕色后气门（图 4）。

蛹：长筒形，黄棕色，半透明（图 5）。

图 4 豆秆黑潜蝇幼虫及排泄物

图 5 豆秆黑潜蝇在茎部化蛹症状

发生规律

豆秆黑潜蝇在广西1年发生13代以上，河南、江苏1年发生4~5代，浙江、福建1年发生6~7代。一般以蛹在大豆或其他寄主根茬和茎秆中越冬，从4月上旬开始羽化，部分可延迟至6月上中旬羽化。成虫飞翔力弱，多集中在豆株上部叶面活动，常以腹末端刺破豆叶表皮，吸食汁液，致使叶面呈白色斑点的小伤孔。卵多散产于大豆上部叶背表皮下。初孵幼虫在叶内蛀食，形成弯曲透明的隧道，再经叶脉、叶柄蛀食髓部和木质部。老熟幼虫先向茎外蛀一羽化孔，后在孔口附近化蛹。6~7月降水较多，有利于其发生。寄生蜂对此虫有较大抑制作用。

防治措施

1.农业防治 作物收获后，及时处理秸秆和根茬，减少越冬虫源；发生严重田块，换种芝麻或玉米等其他作物1年，可降低发生为害程度。

2. 化学防治 成虫盛发期至幼虫蛀食之前，可采用48%毒死蜱乳油1 000倍液，或75%灭蝇胺可湿性粉剂5 000倍液，或5%丁烯氟虫腈悬浮剂1 500倍液，或5%氟虫脲可分散液剂1 000~1 500倍液，均匀喷雾，间隔6~7 d再喷1次。豆株苗期是防治重点。

四、豆叶东潜蝇

分布与为害

豆叶东潜蝇在河南、河北、山东、江苏、福建、四川、广东、云南等地大豆种植区有分布。主要寄主为大豆，也可为害其他豆科蔬菜。幼虫在叶片内潜食叶肉，仅留表皮（图1），叶面上呈现直径1~2 cm的白色膜状斑块（图2），每叶可有2个以上斑块，影响作物生长（图3）。

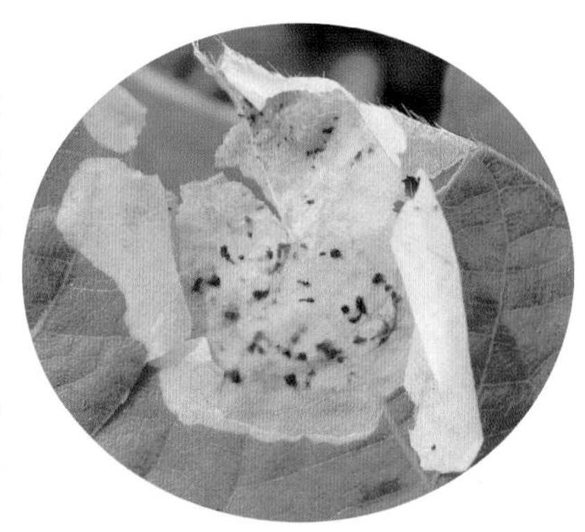

图 1　豆叶东潜蝇潜食叶肉，仅留表皮为害状

图 2　豆叶东潜蝇为害叶片形成的 1~2cm 白色膜状斑块

图 3　豆叶东潜蝇为害叶片形成单叶多个斑块

形态特征

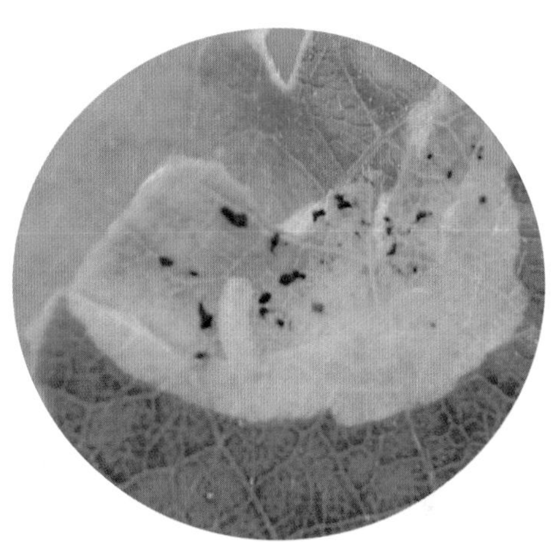

图 4 豆叶东潜蝇幼虫

成虫：小型蝇，翅长 2.4~2.6 mm。具小盾前鬃及两对背中鬃，小盾前鬃长度较第一背中鬃的一半稍长，体黑色。单眼，三角尖端仅达第一上眶鬃，颊狭，约为眼高的 1/10。平衡棍棕黑色，但端部部分白色。

幼虫：体长约 4 mm，黄白色，口钩每颚具有 6 个齿。前气门短小，结节状，有 3~5 个开孔；后气门平覆在第 8 腹节后部背面大部分，有 31~57 个开孔，排成 3 个羽状分支（图 4）。

蛹：红褐色，卵形，节间明显缢缩，体下方略平凹。

发生规律

豆叶东潜蝇每年发生 3 代以上，7~8 月发生多。成虫多在上层叶片上活动，卵产在叶片上，豆株上部嫩叶受害最重，幼虫老熟后入土化蛹。多雨年份发生重。

防治措施

1. 农业防治　加强田间管理，注意通风透光，雨后及时排除田间积水。

2. 化学防治　成虫大量活动期，幼虫未潜叶之前是防治适期。可选用 2.5% 高效氯氟氰菊酯乳油 2 000 倍液，或 48% 毒死蜱乳油 1 500 倍液喷雾防治，隔 7~10 d 喷 1 次，连续防治 2~3 次。地边、道边等处的杂草上也是成虫的聚集地，应进行防治。统一防治效果更好。

五、美洲斑潜蝇

分布与为害

美洲斑潜蝇在全国20多个省（市）、自治区均有分布。成、幼虫除为害豆类外，还为害黄瓜、南瓜、西瓜、甜瓜、芥菜、番茄、辣椒、茄子、马铃薯、苜蓿、蓖麻等，雌成虫飞翔，以产卵器把植物叶片刺伤，进行取食和产卵，幼虫潜入叶片和叶柄为害，产生不规则蛇形白色虫道，叶绿素被破坏，影响光合作用，受害重的叶片干枯脱落，造成花芽、果实被灼伤，严重的造成毁苗。美洲斑潜蝇发生初期虫道呈不规则线状伸展，虫道终端常明显变宽（图1），可区别于番茄斑潜蝇。

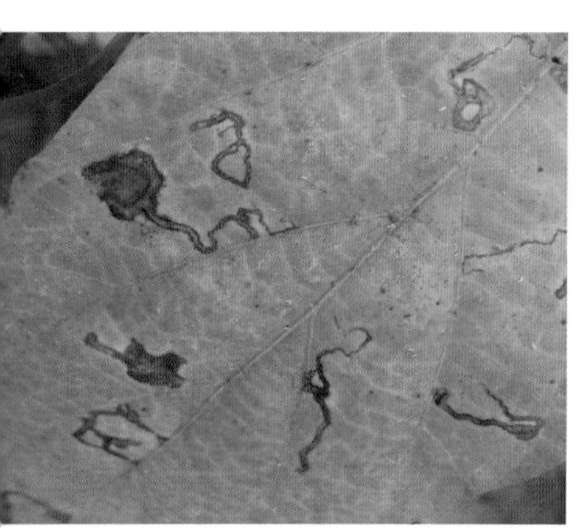

图1　美洲斑潜蝇为害大豆叶片症状

形态特征

成虫：体长1.3~2.3 mm，浅灰黑色，胸背板亮黑色，体腹面黄色，雌虫体比雄虫大（图2）。

卵：米色，半透明，大小（0.2~0.3）mm×（0.1~0.15）mm。

幼虫：蛆状，初无色，后变为浅

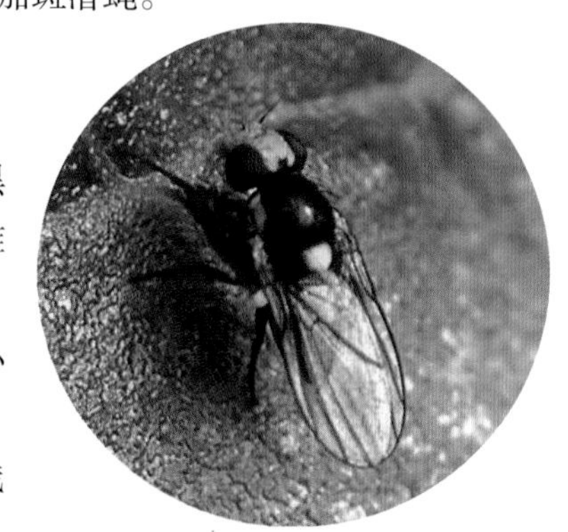

图2　美洲斑潜蝇成虫

橙黄色至橙黄色，长 3 mm，后气门突呈圆锥状突起，顶端 3 个分叉，各具 1 个开口（图 3）。

蛹：椭圆形，橙黄色，腹面稍扁平，大小（1.7~2.3）mm ×（0.5~0.7）mm（图 4）。

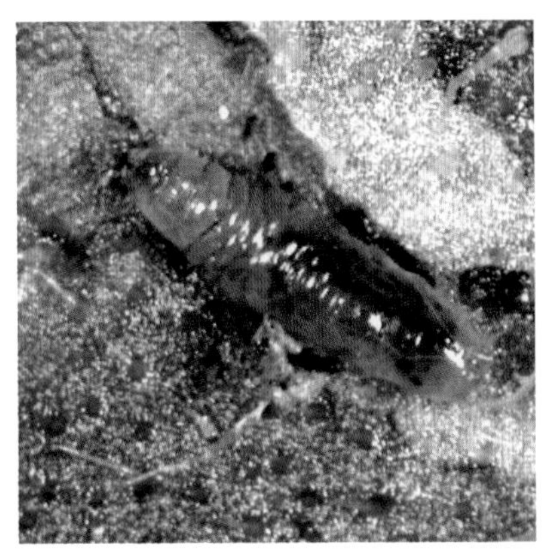

图 3　美洲斑潜蝇幼虫

图 4　美洲斑潜蝇蛹

发生规律

美洲斑潜蝇成虫以产卵器刺伤叶片，吸食汁液，雌虫把卵产在叶表皮下，卵经 2~5 d 孵化，幼虫期 4~7 d，末龄幼虫咬破叶表皮在叶外或土表下化蛹，蛹经 7~14 d 羽化为成虫，夏季 2~4 周完成 1 世代，冬季 6~8 周完成 1 世代，世代短，繁殖能力强。

防治措施

1. 农业防治　及时清洁田园，把被美洲斑潜蝇为害作物的残体集中进行深埋、沤肥或烧毁。

2. 物理防治　采用灭蝇纸诱杀成虫，在成虫始盛期至盛末期，每亩设置15个诱杀点，每个点放置1张诱蝇纸诱杀成虫，3~4 d更换1次。

3. 化学防治　掌握成虫盛发期，及时喷药防治成虫，防止成虫产卵；或在幼虫低龄期喷药防治，可用 40% 氧化乐果乳油 1 000~2 000

倍液，或 50% 敌敌畏乳油 800 倍液，或 1.8% 阿维菌素乳油 1 500 ~ 3 000 倍液，或 5% 定虫隆乳油 1 000~2 000 倍液，或 5% 氟虫脲乳油 2 000 倍液，或 20% 氰戊菊酯乳油 1 500~2 000 倍液喷雾，连续喷 2~3 次。

六、大豆食心虫

分布与为害

大豆食心虫在东北、华北、华中等大豆种植区都有发生。食性单一，主要为害大豆，也取食野生大豆和苦参。幼虫蛀入豆荚咬食豆粒成破瓣，豆荚内充满虫粪，降低产量和品质（图1，图2）。一般发生年份，虫食率为10%左右，严重时达30%~40%，甚至高达70%~80%，是我国大豆产区主要害虫之一。

图1　大豆食心虫为害豆荚蛀孔及枯死荚

图2　大豆食心虫幼虫蛀害豆粒及虫粪

形态特征

成虫：体长5~6 mm，翅展12~14 mm，黄褐色至暗灰色。前翅略呈长方形，沿翅前缘约有10条紫色短斜纹，翅外缘臀角上方有一银灰色椭圆形斑，内有 3 条紫褐色小横纹。腹部纺锤形，黑褐色。

卵：椭圆形，初呈白色，渐变为橙黄色，表面有光泽。

幼虫：共 5 龄。初孵时黄白色，后变为淡黄色或橙黄色，老熟时红色，头及前胸背板黄褐色，体长 8~10 mm（图 3）。

蛹：长纺锤形，长约 6 mm，黄褐色。土茧长椭圆形。

图 3　大豆食心虫幼虫

发生规律

大豆食心虫1年发生1代，以老熟幼虫在土中结茧越冬。在华中地区，越冬幼虫于7月下旬开始破茧化蛹，7月底至8月初为化蛹盛期，8月上中旬为羽化盛期，8月下旬为产卵盛期，8月底至9月初进入孵化盛期，幼虫在豆荚内为害20~30 d老熟， 9月中旬至10月上旬陆续脱荚入土越冬。成虫产卵于大豆嫩荚上，每荚1粒。幼虫孵化后多从豆荚边缘合缝附近蛀入，先吐丝结成细长形薄白丝网，在其中咬食荚皮穿孔进入荚内为害。大豆收割前后，老熟幼虫在豆荚边缘穿孔脱荚，入土越冬。雨量多、土壤湿度大，有利于化蛹、成虫羽化和幼虫脱荚入土。少雨干旱对其发生不利。大豆连作受害重，轮作发生轻。低洼地比平地、岗地发生重。

防治措施

1. 农业防治　选用抗虫或耐虫品种；合理轮作，尽量避免重茬，实行远距离大区域轮作，水旱轮作效果更好；及时收割运出并清理田间落荚枯叶，进行秋翻秋耙，破坏食心虫越冬场所。

2. 生物防治　在成虫产卵期释放赤眼蜂；在老熟幼虫入土前，用白僵菌防治脱荚幼虫。

3.化学防治 8月上中旬成虫初盛期，每亩用80%敌敌畏乳油100~150 mL，将高粱秆或玉米秆切成20 cm长，吸足药液制成药棒40~50根，熏蒸防治成虫。在卵孵化盛期，用2.5%高效氯氟氰菊酯乳油1 500倍液，或30%甲氰·氧乐果乳油2 000倍液，或亩用50%氯氰·毒死蜱乳油60~100 g，或2.5%溴氰菊酯乳油15~20 g，对水40~50 kg，喷雾防治。施药时间以上午为宜，重点喷洒植株上部。

七、豆荚螟

分布与为害

图 1　豆荚螟幼虫吃空整个豆粒

豆荚螟分布北起吉林、内蒙古，南至台湾、广东、广西、云南。除为害大豆，还为害豌豆、扁豆、豇豆、菜豆、四季豆、蚕豆等多种豆科植物。幼虫食害豆叶、花及豆荚，常卷叶为害或蛀入荚内取食幼嫩豆粒，严重时吃空整个豆粒，是大豆重要害虫之一（图 1）。

形态特征

成虫：体长10~12 mm，翅展20~24 mm，暗黄褐色。前翅狭长，沿前缘有1条白色纵带，近翅基1/3处有1条黄褐色宽横带；后翅黄白色，沿外缘褐色（图2）。

卵：椭圆形，初产时乳白色，渐变为红色，孵化前呈浅橘黄色，表面密布不明显的网状纹。

幼虫：5 龄，老熟幼虫体长约 18 mm，体黄绿色，头部及前胸背板褐色。背面紫红色，腹面绿色，前胸背板上有“人”字形黑斑，两侧各有 1 个黑斑。后缘中央也有 2 个小黑斑（图 3）。

蛹：黄褐色，长 9~10 mm，腹端尖细，并有 6 个细钩。蛹外包有白色丝质的椭圆形茧，外附有土粒。

图 2　豆荚螟成虫

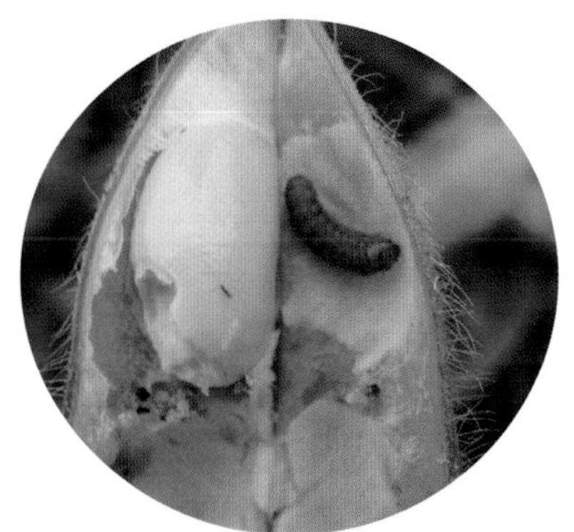

图 3　豆荚螟幼虫

发生规律

豆荚螟在河南、江苏、安徽1年发生4~5代，在广东1年发生7~8代。以老熟幼虫在大豆及晒场周围土中越冬。翌年4月下旬至6月成虫羽化。成虫昼伏夜出，趋光性弱，飞翔力也不强。卵主要产在豆荚上。幼虫孵化后先在豆荚上做一丝茧，由茧内蛀入荚中食害豆粒。2~3龄幼虫有转荚为害习性，幼虫老熟后离荚入土，结茧化蛹。

防治措施

1. 农业防治　选种早熟丰产、结荚期短、少毛或无毛的品种；与非豆科作物轮作；及时翻耕整地或除草松土，杀死越冬幼虫和蛹。

2. 生物防治　成虫产卵盛期释放赤眼蜂。

3. 化学防治　成虫盛发期和卵孵化盛期，可亩用 20% 氯虫苯甲酰胺悬浮剂 10 mL，对水 40~50 kg 喷雾，或选用 90% 晶体敌百虫 800~1 000 倍液，或 50% 杀螟硫磷乳油 1 000 倍液，或 2.5% 溴氰菊酯乳油 3 000 倍液，或 20% 氰戊菊酯乳油 2 000~3 000 倍液喷雾，连喷 1~2 次。

八、豇豆荚螟

分布与为害

豇豆荚螟又名豆野螟、大豆螟蛾。分布北起吉林、内蒙古，南至台湾、广东、广西、云南。为害大豆、豇豆、菜豆、扁豆、四季豆、豌豆、蚕豆等多种豆科植物。幼虫食害叶片、嫩茎、花蕾、嫩荚。低龄幼虫钻入花蕾为害，引起花蕾和幼荚脱落，3 龄幼虫蛀入嫩荚内取食豆粒。蛀孔外堆积绿色粪粒，严重影响产量和品质。

形态特征

图 1　豇豆荚螟成虫

成虫：体长约13 mm，翅展24~26 mm，暗黄褐色。前、后翅均有紫色闪光，前翅中室端部有1个白色透明带状斑，中室内和中室下各有1个白色透明小斑；后翅外缘黄褐色，其余部分白色半透明，内有3条暗棕色波状纹（图1）。

卵：椭圆形，淡绿色，表面有六角形网状纹。

幼虫：老熟幼虫体长约18 mm，黄绿色，头部黄褐色，前胸背板黑褐色，中、后胸背板各有毛片2排，前排4个各生2根刚毛，后排2个无刚毛；腹部各节背面具同样毛片6个，但各自只生1根刚毛。腹足趾钩双序缺环（图2）。

蛹：近纺锤形，黄褐色，腹末有6根钩刺。

图2　豇豆荚螟幼虫

发生规律

豇豆荚螟在华北地区1年发生3~4代，在华南地区1年发生7代，在华中地区1年发生4~5代，以蛹在土中越冬。翌年6月中下旬出现成虫，6~10月为幼虫为害期。成虫昼伏夜出，有趋光性，卵散产于嫩荚、花蕾或叶柄上；卵期2~3 d。幼虫共5龄，初孵幼虫蛀食嫩荚和花蕾，造成蕾荚脱落，3龄后蛀入荚内食害豆粒。幼虫亦常吐丝缀叶为害，老熟幼虫在叶背主脉两侧做茧化蛹，亦可吐丝下落土表和落叶中做茧化蛹。最适发育温度是28℃，相对湿度是80%~85%。6~8月雨水多，发生重。开花结荚期与成虫产卵期吻合，为害重。

防治措施

1. 农业防治　及时清除田间落花、落荚，并摘去被害带虫部分，减少虫源。

2. 生物防治　释放赤眼蜂、小茧蜂。

3. 物理防治　利用黑光灯、杀虫灯诱杀成虫。

4. 化学防治　从现蕾开始，抓住卵孵化高峰期施药，可亩用10%溴氰虫酰胺可分散油悬浮剂15 mL，对水40~50 kg喷雾，或选用20%三唑磷乳油700倍液，或5%氟虫腈悬浮剂2 500倍液，或2.5%三氟氯氰菊酯乳油3 000倍液，或2.5%溴氰菊酯乳油3 000倍液喷雾防治，间隔7~10 d喷1次。

九、豆蚀叶野螟

分布与为害

豆蚀叶野螟又称豆卷叶螟、大豆卷叶虫。在华东、华中、华南、吉林、辽宁等地各大豆种植区有分布。主要为害大豆、豇豆、豌豆等豆科植物。幼虫为害叶片时，常吐丝把两叶粘在一起，躲在其中咬食叶肉，残留表皮、叶脉和叶柄（图1，图2）。后期蛀食豆荚或豆粒。

图1　豆蚀叶野螟吐丝粘连叶片症状

图2　豆蚀叶野螟为害叶片残留表皮、叶脉症状

形态特征

成虫：体长约 10 mm，翅展 18~23 mm，黄褐色。前翅内横线、外横线、外缘线黑褐色波浪状，内横线外侧具黑色点 1 个；后翅有 2

条黑褐色波状线，展开时与前翅内、外横线相连，外缘黑色（图 3）。

卵：椭圆形，浅绿色，数十粒卵排列成鱼鳞状。

幼虫：老熟幼虫体长 15~17 mm，头、前胸背板淡黄色，前胸两侧各有 1 块黑斑，胴部（胸、腹部）浅绿色，沿各节亚背线、气门上线、下线和基线上均有小黑纹（图 4）。

蛹：红褐色，外被薄茧。茧长 17 mm 左右，薄丝质，白色。

图 3　豆蚀叶野螟成虫

图 4　豆蚀叶野螟幼虫

发生规律

豆蚀叶野螟在我国北方1年发生2~3代，在华中地区1年发生4~5代，在广东1年发生5代。以老熟幼虫或蛹在枯叶里或土下越冬。在华中地区，越冬代成虫多于翌年4月中旬至5月中下旬羽化，个别延续到6月初羽化。6~9月田间可见各种虫态。成虫白天潜伏叶背，夜间活动交配，有趋光性。卵多散产在叶背面。初孵幼虫先在叶背取食，后吐丝卷折豆叶蚕食，后期亦可蛀食豆荚、豆粒。幼虫比较活泼，受惊后迅速倒退逃逸，老熟后在卷叶里做茧化蛹，亦可落地在落叶中化蛹。

防治措施

1. 农业防治　结合田间管理摘除卷叶，带出田外集中销毁，减少虫源。

2. 物理防治　利用黑光灯、杀虫灯诱杀成虫。

3. 生物防治　保护利用天敌广黑点瘤姬蜂。

4. 化学防治　于卵孵化盛期，用5%氟虫腈悬浮剂2 500倍液，或52.25%氯氰·毒死蜱乳油2 500倍液，或2.5%溴氰菊酯乳油3 000倍液，或10%顺式氯氰菊酯乳油3 000倍液，或48%毒死蜱乳油1 000倍液喷雾防治。

十、豆卷叶野螟

分布与为害

豆卷叶野螟分布于吉林、辽宁、内蒙古、广东、江西、宁夏、甘肃、青海、四川、云南、河南等地。除为害大豆，还为害豇豆、绿豆、赤豆、菜豆、荨麻等。初孵幼虫取食叶肉，3龄后将叶片横卷成筒状，潜伏其中啃食，有时数叶卷在一起（图1，图2）。大豆开花结荚期受害最重，常导致落花、落荚。

图 1　豆卷叶野螟将叶片横卷成筒状为害状

图 2　豆卷叶野螟将 2 片豆叶卷在一起为害状

形态特征

成虫：体长约 12 mm，翅展 25~27 mm。头黄白色稍带褐色，头顶部密生黄白色长鳞毛。前、后翅淡黄色，前翅内横线、外横线淡褐色，波浪形，外缘淡褐色，中室内有 2 个褐色斑；后翅外横线淡褐色，波浪形。

卵：椭圆形，黄白色渐变深，常 2 粒在一起。

幼虫：初孵时黄白色，取食后，头及身体呈绿色。低龄幼虫上颚黑褐色，单眼区黑色，中胸、后胸各具毛片 4 个，排列成一横行，腹部背面有 2 排毛片，前排 4 个，中间 2 个略大，毛片上生较长的刚毛。老熟幼虫体色变淡（图 3）。

蛹：褐色，长 15 mm，腹部 5~7 节背面有 4 个突起，尾端臀棘上有 4 个钩状刺（图 4）。

图 3 豆卷叶野螟幼虫

图 4 豆卷叶野螟蛹

发生规律

豆卷叶野螟在河南 1 年发生 2 代，在江西 1 年发生 4~5 代，在广东 1 年发生 5 代，以 3~4 龄幼虫在大豆卷叶里吐丝结茧越冬。在河南 6 月下旬至 7 月上旬为越冬代成虫盛发期，7 月中旬至 8 月上旬为幼虫盛发期，8 月中下旬为化蛹盛期。8 月下旬至 9 月上旬为 1 代成虫羽化和 2 代卵盛期，9 月中下旬幼虫 3~4 龄开始越冬。成虫有趋光性，喜在傍晚活动、取食花蜜及交配，卵多产在生长茂盛、成熟晚、叶宽圆的品种上。幼虫老熟后做一新的虫苞在卷叶内化蛹。多雨湿润气候适宜发生，干旱年份发生较少。

防治措施

1. 农业防治 清除田间残枝落叶，消灭越冬虫源。

2. 物理防治 利用黑光灯、杀虫灯诱杀成虫。

3. 生物防治 保护利用寄生蜂、线虫、白僵菌等。

4. 化学防治 卵孵化盛期，可喷洒 50% 敌敌畏乳油 1 000 倍液，或 2.5% 溴氰菊酯乳油 2 500 倍液，或 20% 杀灭菊酯乳油 3 500 倍液，或 10% 氯氰菊酯乳油 3 000 倍液。

十一、甜菜叶螟

分布与为害

甜菜叶螟又称白带螟，分布北起黑龙江、内蒙古，南、东向靠近国境线，黄河中下游发生多。寄主植物有大豆、甜菜、玉米、甘薯、甘蔗、茶、向日葵等。以幼虫吐丝卷叶，取食叶肉，留下叶脉。为害盛期重发田块百株有虫可达万头以上，受害株率达 100%。

形态特征

成虫：体长约10 mm，翅展24~26 mm，体棕褐色。头部白色，额有黑斑，触角黑褐色，唇须黑褐色向上弯曲。胸部背面黑褐色，腹部环节白色。翅暗棕褐色，前翅中室有一条斜波纹状的黑缘宽白带，外缘有一排细白斑点；后翅也有一条黑缘白带，缘毛黑褐色与白色相间；双翅展开时，白带相接呈倒“八”字形（图1）。

图 1　甜菜叶螟成虫

卵：椭圆形，长 0.6~0.8 mm，淡黄色，透明，中间略隆起，周围扁平，表面有不规则网状纹。

幼虫：老熟幼虫体长 17~19 mm，宽约 2 mm，淡绿色，光亮透明，两头细中间粗，近似纺锤形，趾钩双序缺环（图 2）。

蛹：长 9~11 mm，黄褐色，臀棘上有钩刺 6~8 根。

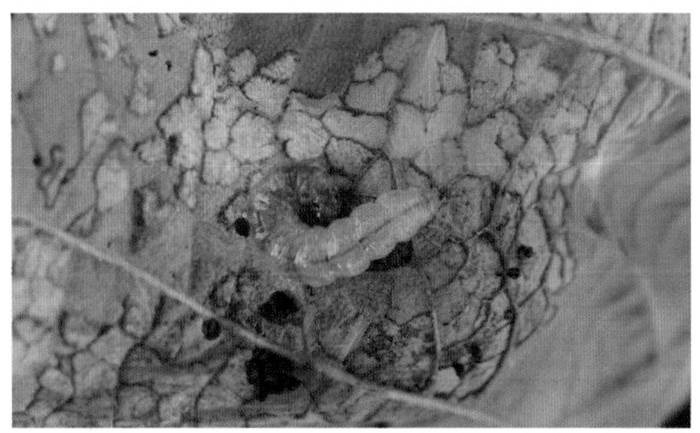

图 2　甜菜叶螟幼虫食害叶肉及其虫粪

发生规律

甜菜叶螟在山东1年发生1~3代，以老熟幼虫吐丝做茧化蛹，在田间杂草、残叶或表土层中越冬。翌年7月下旬开始羽化，直到9月上旬，历期40 d。各代幼虫发育期：第1代7月下旬至9月中旬，第2代8月下旬至9月下旬，第3代9月下旬至10月上旬，有世代重叠现象。成虫飞翔力弱，卵散产于叶脉处，常2~5粒聚在一起。每雌虫平均产卵88粒。幼虫孵化后昼夜取食，幼龄幼虫在叶背啃食叶肉，留下上表皮成天窗状，蜕皮时拉一薄网，3龄后将叶片食成网状缺刻。幼虫老熟后变为桃红色，开始拉网，24 h后又变成黄绿色，多在表土层做茧化蛹，也有的在枯枝落叶下或叶柄基部间隙中化蛹。

防治措施

1. 农业防治　结合田间管理，剪除带虫枝叶。

2. 物理防治　利用黑光灯、杀虫灯诱杀成虫。

3. 化学防治　在幼虫未卷叶为害前，可选用 50% 辛硫磷乳油 1 000~1 200 倍液，或 90% 晶体敌百虫 1 000~1 200 倍液，或 2.5% 高效氯氟氰菊酯乳油 2 000 倍液喷雾防治。

十二、豆芫菁

分布与为害

豆芫菁广泛分布于全国各地。为害大豆、花生、苜蓿等豆科作物及棉花、马铃薯、番茄、茄子、辣椒、甜菜、麻、苋菜等。成虫群集取食寄主叶片，残存网状叶脉，也为害花瓣和嫩茎。常点片发生，有时可使局部地块成灾（图 1，图 2）。

图 2　豆芫菁为害叶片形成网状叶脉

图 1　豆芫菁群集为害状

形态特征

成虫：体长11~18 mm，黑色，头红色，具1对光亮的黑瘤；前胸背板中央和每个鞘翅中央各有1条灰白毛宽纵纹；小盾片、鞘翅侧缘、端缘和中缝，各腹节后缘均镶有灰白色绒毛。雌虫触角丝状，雄虫触角栉齿状（图3，图4）。

卵：长椭圆形，初产时乳白色，后变为黄褐色，每虫可产卵70~150 粒，卵组成菊花状卵块。

幼虫：为复变态，各龄幼虫形态不同。1 龄似双尾虫；2 龄、3 龄、4 龄和 6 龄似蛴螬；5 龄以伪蛹式越冬。老熟幼虫体长 12~13 mm，乳白色，头褐色。

蛹：为离蛹，黄白色。

图3　豆芫菁成虫

图4　豆芫菁成虫及排泄物

发生规律

豆芫菁在辽宁、河北、河南、山东等地 1 年发生 1 代，在湖北 1 年发生 2 代，以 5 龄幼虫 (伪蛹) 在土中越冬。在河南于翌年春蜕皮为 6 龄幼虫，然后化蛹、羽化。6 月中旬化蛹，6 月下旬至 8 月中旬为成虫发生为害期，大豆开花前后受害最重。成虫白天活动，尤以中午最盛，群聚为害，喜食嫩叶、心叶和花。成虫活泼，受惊吓时常假死落地。

成虫可分泌黄色液体，这种液体含有芫菁素，触及皮肤可导致红肿起泡。幼虫在土中活动，取食蝗卵，5龄不取食，越冬后蜕皮为6龄幼虫，随即化蛹。

防治措施

1. 农业防治　冬耕可消灭部分越冬的伪蛹。

2. 化学防治　成虫始盛期可选用20%杀灭菊酯乳油2 000倍液，或2.5%溴氰菊酯乳油2 000倍液，或80%敌敌畏乳油1 000~1 500倍液，或50%辛硫磷乳油1 000~1 500倍液，或90%晶体敌百虫1 000~1 500倍液均匀喷雾。

十三、豆叶螨

分布与为害

豆叶螨在北京、河南、浙江、江苏、四川、云南、湖北、福建及台湾等省市有分布。除为害大豆，还为害菜豆、葎草、益母草等。常群集叶背或卷须上吸食汁液，形成白色斑痕，严重时导致叶片干枯或呈火烧状。有吐丝拉网习性（图 1，图 2）。

图 2　豆叶螨为害大豆叶片症状局部放大

图 1　豆叶螨为害大豆叶片形成灰白色网状症状

形态特征

雌螨：体长 0.46 mm，宽 0.26 mm。体深红色，椭圆形，体侧具黑斑。须肢端感器柱形，长是宽的 2 倍，背感器梭形，较端感器短。气门沟末端弯曲成“V”形。有 26 根背毛。

雄螨：体长 0.32 mm，宽 0.16 mm，体黄色，有黑斑。须肢端感器细长，长是宽的 2.5 倍，背感器短。阳具末端形成端锤，阳茎的远侧突起比近侧突起长 6~8 倍，是与其他叶螨相区别的重要特征。

发生规律

豆叶螨在北方地区 1 年发生 10 代左右，在台湾 1 年发生 21 代，以雌成螨在缝隙或杂草丛中越冬。夏季是发生盛期，繁殖蔓延速度很快；冬季在豆科植物、杂草、茶树近地面叶片上栖息，全年世代平均天数为 41 d。发育适温 17~28 ℃，卵期 5~10 d，从幼螨发育到成螨需 5~10 d。降雨少、天气干旱的年份易发生。

防治措施

1. 农业防治 大豆生长期发现有少量受害植株，可摘除虫叶烧毁，如遇有干旱天气应及时灌溉和施肥，促进植株生长，抑制叶螨增殖；收获后及时清除田内外枯枝落叶和杂草，集中烧毁或深埋，减少虫源。

2. 化学防治 在点片发生阶段，可选用 5% 唑螨酮乳油 2 000 倍液，或 5% 氟虫脲可分散液剂 1 500 倍液，或 73% 克螨特乳油 1 000~1 500 倍液，或 20% 哒螨酮可湿性粉剂 1 500 倍液喷雾防治。

十四、茶翅蝽

分布与为害

茶翅蝽又名臭板虫、臭大姐，在河南、河北、北京、山东、江苏、安徽、陕西、湖南、湖北、江西、四川、贵州等地有广泛分布。除为害大豆外，还为害梨、苹果、山楂、榆树、菜豆、油菜等果树及部分林木和农作物等。以成虫、若虫为害叶片、梢和果实。

形态特征

成虫：体长 15 mm 左右，宽约 8 mm，体扁平，茶褐色，前胸背板、小盾片和前翅革质部有黑色刻点，前胸背板前缘横列 4 个黄褐色小点，小盾片基部横列 5 个小黄点，两侧斑点明显（图 1，图 2）。

图 1　茶翅蝽成虫

图 2　茶翅蝽交尾

卵：短圆筒形，直径1mm左右，常20~30粒并排在一起，灰白色。有假卵盖，中央微隆。

若虫：分5龄，初孵若虫近圆形，体为淡黄褐色或红褐色，头部黑色。2龄褐色，胸腹背面有黑斑，腹部背面中央有2个明显的臭腺孔。3龄后似成虫，无翅（图3，图4）。

图3　茶翅蝽初孵若虫及卵壳

图4　茶翅蝽2龄若虫及蜕皮

发生规律

茶翅蝽在河北、河南、山西、内蒙古等地1年发生1代，在华南地区1年发生2代，以成虫在土块下、田间背风向阳处、墙缝、房檐等处越冬。常数头或数十头聚集在一起越冬。在1代发生区，一般成虫于5月上旬陆续出蛰活动为害，6月产卵，卵多产于叶背，7月上中旬为孵化盛期。成虫在气温较高、阳光充足时活动、飞翔、交尾，9月下旬开始向越冬场所转移。

防治措施

1. 农业防治　成虫产卵期，查找卵块摘除；作物收获后及时清除田间枯枝落叶和杂草，带出田外堆沤或焚烧，可消灭部分越冬成虫。

2. 化学防治　在卵孵化盛期或初孵若虫期喷洒化学药剂，可亩用 10% 联苯菊酯乳油 30~40 mL，或 26% 氯氟 · 啶虫脒水分散粒剂 140~200 mL，或 45% 马拉硫磷乳油 60~80 mL，或 48% 毒死蜱乳油 40~50 mL，或 50% 氟啶虫胺腈水分散粒剂 8 mL，对水 40~50 kg 喷雾。

十五、筛豆龟蝽

分布与为害

筛豆龟蝽又称豆平腹蝽、豆圆蝽，是一种杂食性害虫。分布北起北京、山西，南抵台湾，东到沿海地区，西至陕西、四川、云南、西藏等省区。主要为害大豆、菜豆、扁豆、绿豆等豆科作物，以及刺槐、杨树、桃等多种其他植物。成虫、若虫均在寄主作物的茎秆、叶柄和荚果上吸食汁液，影响植株生长发育，造成植株早衰，叶片枯黄，茎秆瘦短，豆荚不实，百粒重下降，严重影响大豆产量和品质（图1）。

图1　筛豆龟蝽密布大豆茎秆、叶片为害状

形态特征

成虫：近卵圆形，体长 4.3~5.4 mm，宽 3.8~4.5 mm，淡黄褐色或黄绿色，具微绿色光泽，密布黑褐色小刻点，复眼红褐色，前胸背板有 1 列刻点组成的横线，小盾片基胝两端色淡，侧胝无刻点；各足胫节整个背面有纵沟，腹部腹面两侧有辐射状黄色宽带纹，雄虫小盾片后缘向内凹陷，露出生殖节（图 2）。

卵：略呈圆筒状，横置，一端为微拱起的假卵盖，另一端钝圆。初产时乳白色，后转为肉黄色。

若虫：共 5 龄，末龄若虫体长 4.8~6.0 mm，淡黄绿色，密被黑白混生的长毛,其中以两侧的白毛为最长。3 龄后体形龟状,胸腹各节(后胸除外)两侧向外前方扩展成半透明的半圆薄板（图 3）。

图2　筛豆龟蝽成虫

图3　筛豆龟蝽若虫

发生规律

筛豆龟蝽1年发生1~3代，以2代为主，世代重叠。以成虫在寄主植物附近的枯枝落叶下越冬。翌年4月上旬开始活动，4月中旬开始交尾，4月下旬至7月中旬产卵。1代若虫从5月初至7月下旬先后孵化，6月上旬至8月下旬羽化为成虫，6月中下旬至8月底交尾产卵； 2代若虫从7月上旬至9月上旬孵出，7月底至10月中旬羽化，10月中下旬起陆续越冬。卵产于大豆等作物的叶片、叶柄、托叶、荚果和茎秆上，平铺斜置呈2纵行，共10~32粒，羽毛状排列。成虫、若虫均有群集性。

防治措施

1. 农业防治　作物收获后及时清除田间枯枝落叶和杂草，并带出田外烧毁，消灭部分越冬成虫。

2. 化学防治　在成虫、若虫为害期喷雾防治，防治药剂参见茶翅蝽。

十六、点蜂缘蝽

分布与为害

点蜂缘蝽在辽宁、河北、河南、江苏、浙江、安徽、江西、湖北、四川、福建、云南、广东、海南等地均有分布。除为害大豆，还为害菜豆、蚕豆、豇豆、豌豆等其他豆科作物及稻、麦、棉、麻、丝瓜等。以成虫、若虫吸食作物汁液，使蕾、花脱落，或形成瘪粒，严重时整株枯死（图 1）。

图 1　点蜂缘蝽为害致幼穗脱落、瘪粒

形态特征

成虫：体长 15~17 mm，狭长，黄褐色至黑褐色，被白色细绒毛。头部三角形，自复眼后细缩。触角 4 节，第 1 节长于第 2 节。前胸背板侧角呈棘状突出，前胸背板及胸侧板具许多不规则的黑色颗粒。前翅膜片淡棕褐色，稍长于腹末。腹部两侧外露部分黄黑相间。足与体同色，后足腿节特粗大，其腹面有 4 个刺和几个小齿，后足胫节细，向背面弯曲。腹下散生许多不规则的小黑点（图 2）。

图 2　点蜂缘蝽成虫

卵：半卵圆形，初产时暗蓝色，渐变为黑褐色。

若虫：1~4 龄体似蚂蚁，腹部膨大，第 1 腹节小；5 龄体似成虫，仅翅较短（图 3，图 4）。

图 3　点蜂缘蝽若虫

图 4　点蜂缘蝽成虫、若虫

发生规律

点蜂缘蝽 1 年发生 2~3 代。以成虫在枯枝落叶和杂草丛中越冬。河南于翌年 3 月下旬越冬成虫开始活动，4 月下旬至 6 月上旬产卵，5 月上旬至 6 月中旬 1 代若虫孵化，6 月上旬至 7 月上旬成虫羽化，6 月中旬至 8 月中旬产卵。2 代成虫 7 月中旬至 9 月中旬羽化，3 代成虫 9 月上旬至 11 月中旬羽化，10 月下旬后陆续越冬。卵多散产于叶背、嫩茎和叶柄上。成虫、若虫极活跃，早、晚温度低时稍迟钝。

防治措施

1. 农业防治　作物收获后及时清除田间枯枝落叶和杂草，带出田外堆沤或烧毁，可消灭部分越冬成虫。

2. 生物防治　保护利用草蛉、寄生蜂及捕食性蜘蛛等自然天敌。

3. 化学防治　在成虫、若虫为害期，均匀喷洒 2.5% 溴氰菊酯乳油 2 000 倍液，或 45% 马拉硫磷乳油 500~800 倍液，或 48% 毒死蜱乳油 1 000~1 500 倍液等。

十七、稻绿蝽

分布与为害

稻绿蝽在我国各大豆种植区多有发生。除为害大豆外，还为害水稻、玉米、花生、棉花、十字花科蔬菜、油菜、芝麻、茄子、辣椒、马铃薯、桃、李、梨、苹果等。以成虫、若虫用口针刺吸为害植株顶部嫩叶、嫩茎，常先在叶片被刺吸部位出现水渍状萎蔫，随后干枯（图1）。严重时上部叶片或豆株顶梢萎蔫。

图 1 稻绿蝽在大豆田间密布叶片为害症状

形态特征

成虫：有多种变型，各生物型间因彼此交配繁殖而在形态上产生多变。

（1）全绿型：体长 12~16 mm，宽 6~8 mm，椭圆形，体、足全鲜绿色，头近三角形，触角第 3 节末及 4、5 节端半部黑色，其余青绿色。单眼红色，复眼黑色。前胸背板的角钝圆，前侧缘多具黄色狭边。小盾片长三角形，末端狭圆，基缘有 3 个小白点，两侧角外各有 1 个小黑点。腹面色淡，腹部背板全绿色（图 2）。

图 2 稻绿蝽成虫（全绿型）

（2）点斑型：体长1.3～4.5 mm，宽6.5～8.5 mm。全体背面橙黄到橙绿色，单眼区域各具1个小黑点。前胸背板有3个绿点，居中的最大，常为棱型。小盾片基缘具3个绿点，中间的最大，近圆形，其末端及翅革质部靠后端各具1个绿色斑。

（3）黄肩型：体长 12.5~15 mm，宽 6.5~8 mm。与稻绿蝽全绿型很相似，但头及前胸背板前半部为黄色，前胸背板黄色区域有时橙红、橘红或棕红色，后缘波浪形。

卵：杯形，初产时黄白色，后变红褐色。卵顶端有一环白色齿突。

若虫：共5龄，1龄若虫腹背中央有3个排成三角形的黑斑，后期黄褐色，胸部有1个橙黄色圆斑。2龄若虫体黑色。3龄若虫体黑色，第1、2腹节背面有4个对称白斑（图3）。4龄若虫头部有“T”形黑斑。5龄若虫体绿色，触角4节（图4）。

图3　稻绿蝽 3 龄若虫

图4　稻绿蝽 5 龄若虫

发生规律

稻绿蝽以成虫在各种寄主上或背风荫蔽处越冬。在北方豆田1年发生1代，在南方一般每年发生3~4代，少数5代。成虫多在白天交配，卵产在寄主叶面上，30~50粒排列成块，初孵若虫聚集在卵壳周围，2龄后分散取食。若虫和成虫有假死性，成虫有趋绿性和趋光性。

防治措施

1. 农业防治　冬春期间，清除田边附近杂草，减少越冬虫源。

2. 物理防治　利用黑光灯、杀虫灯诱杀成虫。

3.化学防治　在若虫盛发高峰期，群集在卵壳附近尚未分散时用药，可选用2.5%溴氰菊酯乳油2 000倍液，或90%晶体敌百虫700倍液，或80%敌敌畏乳油800倍液，或20%氰戊菊酯乳油2 000倍液喷雾防治。

十八、三点盲蝽

分布与为害

三点盲蝽分布北起黑龙江、内蒙古、新疆，向南稍过长江，江苏、安徽、江西、湖北、四川也有发生。三点盲蝽寄主范围十分广泛，除为害大豆外，还为害玉米、棉花、高粱、小麦、番茄、马铃薯、芝麻等作物。主要以成虫、若虫在寄主叶片及幼嫩部位刺吸汁液，使植株长势减弱。

形态特征

成虫：体长7 mm左右，黄褐色，被黄细毛。头小三角形，向前突；触角黄褐色，与身体等长。前胸背板紫色，后缘有1条黑色横纹，前缘有2个黑斑； 小盾片及2个楔片呈3个明显的黄绿色三角形斑（图1）。

卵：长 1.2 mm，茄形，浅黄色。

若虫：黄绿色，密被黑色细毛，触角第 2~4 节基部淡青色，有赭红色斑点。翅芽末端黑色，达腹部第 4 节（图 2）。

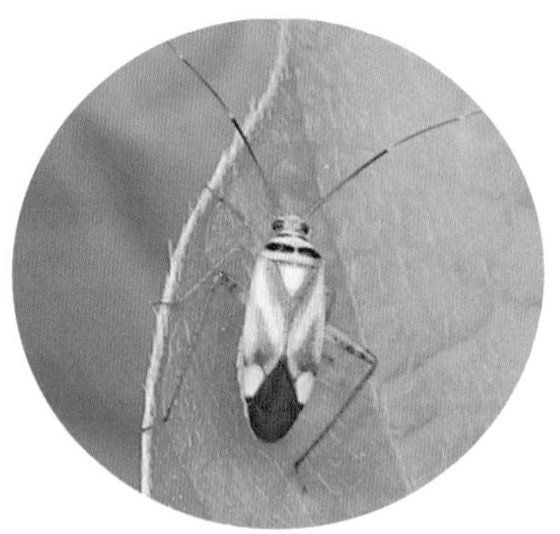
图 1 三点盲蝽成虫

图 2 三点盲蝽若虫

发生规律

三点盲蝽 1 年发生 3 代，以卵在洋槐树、加拿大杨树、柳树、榆树及杏树等树皮内越冬，卵多产在疤痕处或断枝的疏软部位。卵的发育起点温度为 8 ℃，幼虫发育起点 7 ℃。越冬卵在 5 月上旬开始孵化，若虫共 5 龄，历时 26 d。5 月下旬至 6 月上旬羽化，成虫寿命 15 d 左右。第二代卵期 10 d 左右，若虫期 16 d，7 月中旬羽化，成虫寿命 18 d。第三代卵期 11 d，若虫期 17 d，8 月下旬羽化，成虫寿命 20 d，后期世代重叠。成虫多在晚间产卵，多半产在作物叶柄与叶片相接处，其次在叶柄和主脉附近。发育的适宜温度为 20~35 ℃，最适温度为 25 ℃左右，相对湿度为 60% 以上，因此，6~8 月降雨偏多的年份发生严重，干旱年份为害轻。

防治措施

1. 农业防治　早春越冬卵孵化前，清除田间附近杂草；调整作物结构，尽量不在四周种植油料、果树等越冬寄主；科学施肥，合理灌水。

2. 生物防治　保护利用天敌，如中华草蛉、大草蛉等，发挥其自然控制作用；避免在天敌发生盛期喷药，尤其要避免使用剧毒农药。

3. 化学防治　在若虫初孵盛期或若虫期喷药防治，可亩用 2.5% 敌百虫粉剂或 1.5% 乐果粉剂 2 kg 喷粉，也可用 50% 马拉硫磷乳油 1 000~1 500 倍液，或 50% 辛硫磷乳油 1 000~1 500 倍液，或 10% 吡虫啉 1 500 倍液，或 20% 氰戊菊酯乳油 3 000 倍液，或 20% 杀灭菊酯乳油 2 000 倍液喷雾防治。

十九、中黑盲蝽

分布与为害

中黑盲蝽分布北起黑龙江、内蒙古、新疆，向南稍过长江，江苏、安徽、江西、湖北、四川也有发生，以长江流域受害重。可为害大豆、棉花、甜菜、桑、胡萝卜、马铃薯、大麦、小麦、杞柳、聚合草、黄花、苜蓿等。成虫有在各寄主间随开花期转移为害的规律。以成虫、若虫在大豆叶片及幼嫩部位刺吸汁液，使植株长势减弱。

形态特征

成虫：体长7 mm，体表被褐色绒毛，头呈三角形。触角4 节，比体长，第1、2 节绿色，第3、4 节褐色。前胸背板中央有2 个黑色圆斑。停歇时各部位相连接，在背上形成1条黑色纵带，故名中黑盲蝽。足绿色，散布黑点（图1）。

图 1　中黑盲蝽成虫

卵：淡黄色，长形略弯，卵盖长椭圆形，一侧有 1 个指状突起。

若虫：全体绿色。头钝三角形，头顶具浅色叉状纹。复眼椭圆形，赤褐色。触角比体长，基部两节淡褐色，端两节深红色。足褐色。若虫共5龄，其中1、2龄无翅芽，3龄后胸翅芽末端达第1腹节中部，4龄翅芽末端达腹部第3节，5龄翅芽末端达腹部第5节（图2）。

图2　中黑盲蝽若虫

发生规律

中黑盲蝽在长江流域1年发生5~6代，在黄河流域1年发生4代。以卵在苜蓿及杂草茎秆或棉叶柄中越冬，翌年4月越冬卵开始孵化，孵化后多集中在婆婆纳、小苜蓿等杂草上为害。一代成虫于5月上旬出现、二代6月下旬出现、三代8月上旬出现、四代9月上旬出现。卵的发育起点温度为5.4 ℃，若虫发育起点温度为9 ℃。

防治措施

参见三点盲蝽。

二十、大灰象甲

分布与为害

大灰象甲分布于东北、黄河流域和长江流域。为害大豆、棉花、烟草、玉米、花生、马铃薯、辣椒、甜菜、瓜类、苹果、梨、柑橘、核桃、板栗等。以成虫取食植株的嫩尖和叶片（图 1），轻者把叶片食成缺刻或孔洞，重者把幼苗吃成光秆，造成缺苗断垄。

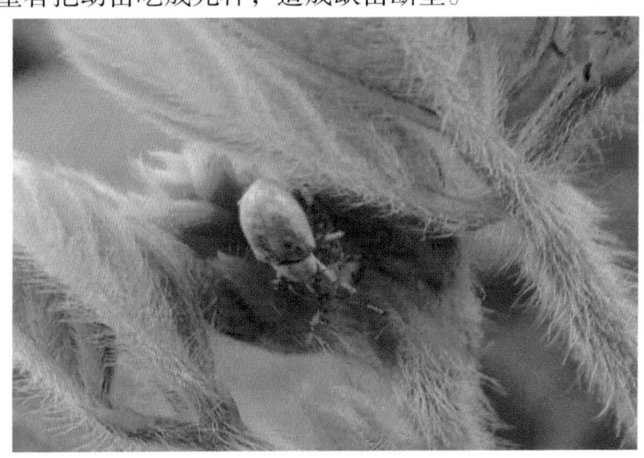

图 1　大灰象甲为害嫩尖

形态特征

成虫：体长7~12 mm，体黑色，密被灰褐色及白色具金属光泽鳞片。前胸中间和两侧有3条褐色纵纹，在鞘翅基部中间有近环状褐斑，鞘翅卵圆形，末端尖锐，中间有1条白色横带，横带前、后散布褐色云斑，每一鞘翅有10列刻点。后翅退化。头部和喙密被金黄色发光鳞

图2　大灰象甲成虫

片，触角柄节较长，末端3节膨大呈棍棒状。长大于宽，复眼大而凸出，前胸两侧略凸，中沟细，中纹明显（图2）。

卵：长约 1 mm，长椭圆形，初产时为乳白色，后渐变为黄褐色。

幼虫：体长约 17 mm，乳白色，肥胖，弯曲，各节背面有许多横皱。

蛹：长约 10 mm，初为乳白色，后变为灰黄色至暗灰色。

发生规律

大灰象甲在东北、河南、山东等北方地区 2 年发生 1 代，在浙江 1 年发生 1 代。2 年发生 1 代的地区，第 1 年以幼虫越冬，第 2 年以成虫越冬。成虫不能飞，主要靠爬行转移，动作迟缓，有假死性。4 月中下旬从土内钻出，群集于幼苗取食；5 月下旬开始产卵，成块产于叶片；6 月下旬陆续孵化，幼虫孵出后落地，钻入土中。幼虫期生活于土内，取食腐殖质和须根，对幼苗为害不大。随温度下降，幼虫下移，9 月下旬达 60~100 cm 土深处，筑土室越冬。翌春，越冬幼虫上升表土层继续取食，春季中午前后活动最盛，夏季在早晨、傍晚活动，中午高温时潜伏。

防治措施

1. 农业防治　培育壮苗，增强植株抗虫能力；实施灌溉，增加土壤湿度，控制该虫为害。

2. 化学防治　在成虫出土为害期，选用 48% 毒死蜱乳油 1 000 倍液，或 1.8% 阿维菌素乳油 2 000 倍液，或 90% 晶体敌百虫 1 000 倍液，或 10% 氯氰菊酯乳油 1 500 倍液，或 50% 辛・氰乳油 2 000 倍液浇灌或喷洒。

二十一、蒙古灰象甲

分布与为害

蒙古灰象甲在东北、华北、西北等地有发生。主要为害大豆、花生、棉花、玉米、谷子、高粱、莙荙菜、甜菜、瓜类、向日葵、烟草及果树幼苗等。成虫为害子叶和心叶可造成孔洞、缺刻等症状（图1），还可咬断嫩芽和嫩茎，严重时苗不能发育，可造成成片死苗。

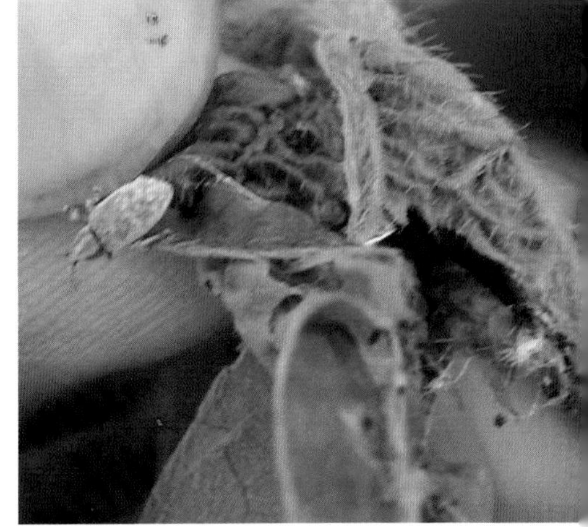

图1 蒙古灰象甲为害叶片症状

形态特征

成虫：体长4.4~6.0 mm，宽2.3~3.1 mm，卵圆形，体灰色，密被灰黑褐色鳞片，鳞片在前胸形成相间的3条褐色、2条白色纵带，内肩和翅面上具白斑，头部呈光亮的铜色，鞘翅上生10条纵列刻点。头喙短扁，中间细，触角红褐色，棒状部长卵形，末端尖。前胸长大于宽，后缘有边，两侧圆鼓，鞘翅明显宽于前胸（图2）。

卵：长 0.9 mm，宽 0.5 mm，长椭圆形，初产时乳白色，后变为暗黑色。

幼虫：体长 6~9 mm，体乳白色，无足。

蛹：裸蛹长 5.5 mm，乳黄色。

图 2　蒙古灰象甲成虫

发生规律

蒙古灰象甲在东北、华北 2 年发生 1 代。以成虫或幼虫越冬，翌春均温近 10 ℃时开始出土，成虫白天活动，受惊扰假死落地，以 10 时前后和 16 时前后活动最盛；夜晚和阴雨天多潜伏在枝叶间和作物根际土缝中，很少活动。成虫经一段时间取食后，开始交尾产卵，一般 5 月开始产卵，产卵期约 40 d，多成块产于表土中。5 月下旬幼虫开始孵化，幼虫生活于土中，为害植物地下部组织，至 9 月末筑土室于内越冬。翌春继续活动为害，至 6 月中旬开始老熟，筑土室于内化蛹。7 月上旬开始羽化，不出土即在蛹室内越冬，第 3 年 4 月出土，2 年发生 1 代。

防治措施

1. 农业防治　在受害重的田块四周挖封锁沟，沟宽、深各 40 cm，内放新鲜或腐败的杂草诱集成虫集中杀死。

2. 化学防治　在成虫出土为害期，选用 48% 毒死蜱乳油 1 000 倍液，或 1.8% 阿维菌素乳油 2 000 倍液，或 90% 晶体敌百虫 1 000 倍液，或 2.5% 高效氯氟氰菊酯乳油 2 000 倍液，或 10% 氯氰菊酯乳油 1 500 倍液，或 50% 辛 · 氰乳油 2 000 倍液浇灌或喷洒。

二十二、绿鳞象甲

分布与为害

图 1　绿鳞象甲为害叶片症状

绿鳞象甲又称蓝绿象、绿绒象虫、棉叶象鼻虫、大绿象虫等，分布在河南、江苏、安徽、浙江、江西、湖北、湖南、广东、广西、福建、台湾、四川、云南、贵州等地。除为害大豆外，还为害棉花、花生、玉米、茶树、油茶、柑橘、甘蔗、桑树、烟草、麻类等植物。成虫食叶成缺刻或孔洞，为害严重时可致植株死亡（图 1）。

形态特征

成虫：体长 15~18 mm，体黑色，表面密被墨绿色、淡绿色、淡棕色、古铜色、灰色、绿色等闪闪有光的鳞毛，有时杂有橙色粉末。头、喙背面扁平，中间有一宽而深的中沟，复眼十分突出，前胸宽大于长，背面具宽而深的中沟及不规则刻痕。鞘翅上各具 10 个纵列刻点。雌虫腹部较大，雄虫较小（图 2，图 3）。

卵：长约 1 mm，椭圆形，初为黄白色，孵化前呈黑褐色。

幼虫：长 13~17 mm，初孵时乳白色，后为黄白色，体肥多皱，无足。

蛹：长约 14 mm，黄白色。

图 2　绿鳞象甲成虫

图 3　绿鳞象甲成虫交尾

发生规律

绿磷象甲在长江流域 1 年发生 1 代，在华南 1 年发生 2 代，以成虫或老熟幼虫越冬，4~6 月为成虫发生盛期；广东终年可见成虫为害；浙江、安徽多以幼虫越冬，6 月成虫盛发，8 月成虫开始入土产卵。成虫白天活动，咬食叶片形成缺刻或仅剩叶脉，早、晚多躲在杂草丛中、落叶下或钻入表土中，飞翔力弱，善爬行，有群集性和假死性。成虫一生可交尾多次，卵多单粒散产在叶片上，幼虫孵化后钻入土中 10~13 cm 深处取食杂草或树根，幼虫老熟后在 6~10 cm 土中化蛹。

防治措施

1. 农业防治　结合冬季管理和中耕除草，消灭越冬幼虫和成虫。

2. 化学防治　参见蒙古灰象甲。

二十三、甜菜夜蛾

分布与为害

甜菜夜蛾又称贪夜蛾、玉米小夜蛾，该虫分布广泛，在我国各地均有发生。寄主植物有170余种，除为害大豆外，还为害芝麻、花生、玉米、麻类、烟草、棉花、甜菜、青椒、茄子、马铃薯、黄瓜、西葫芦、豇豆、架豆、茴香、胡萝卜、芹菜、菠菜、韭菜、大葱等多种作物。初孵幼虫群集叶背，吐丝结网，在网内取食叶肉，留下表皮，形成透明的小孔。3龄后分散为害，可将叶片吃成孔洞或缺刻（图1），严重时仅剩叶脉和叶柄，造成幼苗死亡，缺苗断垄，甚至毁种，对产量影响大。

图1　甜菜夜蛾为害大豆

形态特征

成虫：体长 8~10 mm，翅展 19~25 mm，灰褐色，头、胸有黑点。前翅中央近前缘外方有 1 个肾形斑，内方有 1 个土红色圆形斑；后翅银白色，翅脉及缘线黑褐色（图 2）。

卵：圆球状，白色，成块产于叶面或叶背，每块 8~100 粒不等，排为 1~3 层，因外面覆有雌蛾脱落的白色绒毛，不能直接看到卵粒（图 3~5）。

图 2　甜菜夜蛾成虫

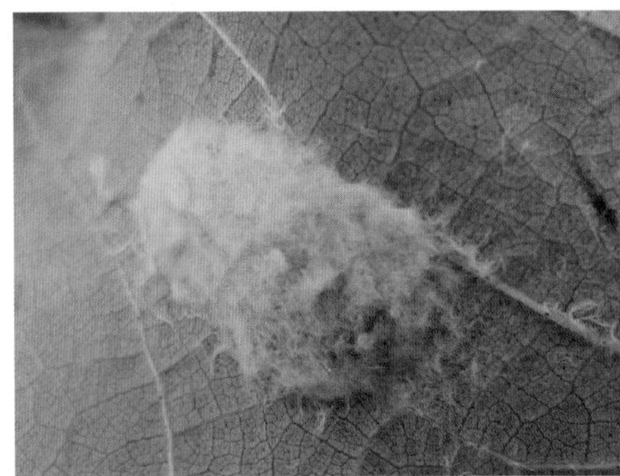

图 3　甜菜夜蛾卵（外面覆有绒毛）

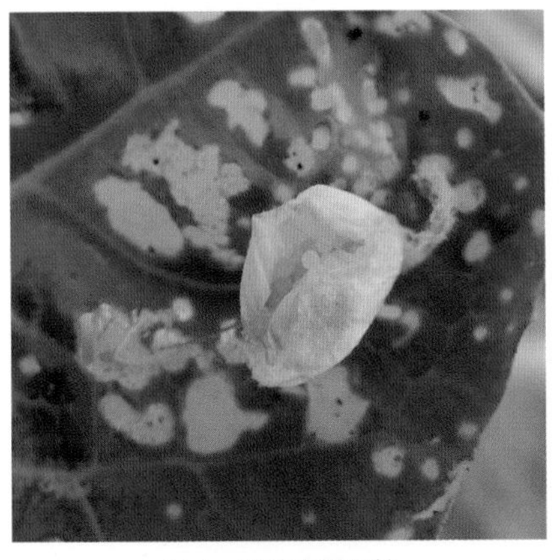

图 4　甜菜夜蛾卵粒

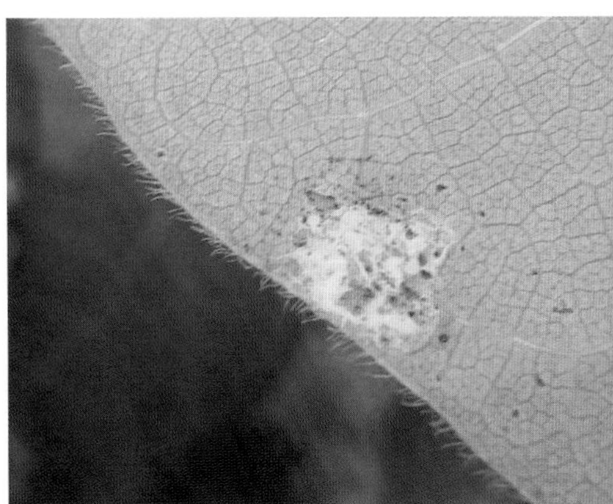

图 5　甜菜夜蛾正孵化卵

幼虫：共5龄，少数6龄。末龄幼虫体长约22 mm，体色变化很大，有绿色、暗绿色、黄褐色、褐色至黑褐色，背线有或无，颜色各异。腹部气门下线为明显的黄白色纵带，有时带粉红色，直达腹部末端，不弯到臀足上去，是区别于甘蓝夜蛾的重要特征，各节气门后上方具1个明显白点（图6，图7）。

图6　甜菜夜蛾幼虫

蛹：长10 mm，黄褐色，中胸气门外突（图8）。

图7　甜菜夜蛾幼虫

图8　甜菜夜蛾蛹

发生规律

甜菜夜蛾在黄河流域1年发生4~5代，长江流域1年5~7代，世代重叠。通常以蛹在土室内越冬，少数以老熟幼虫在杂草上及土缝中越冬，冬暖时仍见少量取食。亚热带和热带地区可周年发生，无越冬休眠现象。成虫昼伏夜出，白天隐藏在杂草、土块、土缝、枯枝落叶处，夜间出来活动，有两个活动高峰期，即晚7~10时和早5~7时进行取食、交配、产卵，成虫趋光性强。卵多产于叶背面、叶柄部或杂草上，卵块1~3层排列，上覆白色绒毛。幼虫共5龄（少数6龄），3龄前群集为害，但食量小，4龄后食量大增，昼伏夜出，有假死性，虫口过大时幼虫可互相残杀。幼虫转株为害常从下午6时以后开始，凌晨3~5时活动虫量最多。常年发生期为7~9月，南方如春季雨水少、梅雨明显提前、夏季炎热，则秋季发生严重。幼虫和蛹抗寒力弱，北方地区越冬死亡率高，只间歇性局部猖獗为害。

防治措施

1. 农业防治 秋末冬初耕翻可消灭部分越冬蛹；春季3~4月除草，消灭杂草上的低龄幼虫；结合田间管理，摘除叶背面卵块和低龄幼虫团，集中消灭。

2. 物理防治 成虫发生期，集中连片应用频振式杀虫灯、450 W高压汞灯、20 W黑光灯、性诱剂诱杀成虫。

3. 生物防治

（1）保护利用自然天敌：甜菜夜蛾天敌主要有草蛉、猎蝽、蜘蛛、步甲等，要注意保护利用。

（2）生物制剂防治：在卵孵化盛期至低龄幼虫期亩用5亿PIB/g甜菜夜蛾核型多角体病毒悬浮剂120~160 mL，或16 000 IU/mg苏云金杆菌可湿性粉剂50~100 g对水喷雾。

4. 化学防治 1~3龄幼虫高峰期，用20%灭幼脲悬浮剂800倍液，或5%氟铃脲乳油3 000倍液，或5%氟虫脲分散剂3 000倍液喷雾。甜菜夜蛾幼虫晴天傍晚6时后会向植株上部迁移，因此，应在傍晚喷药防治，注意叶面、叶背均匀喷雾，使药液能直接喷到虫体及其为害部位。

二十四、银纹夜蛾

分布与为害

银纹夜蛾又称黑点银纹夜蛾、豆银纹夜蛾、菜步曲、豆尺蠖、大豆造桥虫、豆青虫等，分布在全国各大豆产区，但以黄河、淮河、长江流域发生较重。除为害大豆外，还取食其他豆科作物、茄子及油菜、甘蓝、花椰菜、白菜、萝卜等十字花科蔬菜。以幼虫食害叶片，初孵幼虫群集在叶背面剥食叶肉，残留表皮，大龄幼虫则分散为害，蚕食叶片成孔洞或缺刻（图 1），发生严重时将叶片吃光。

图 1 银纹夜蛾为害大豆

形态特征

成虫：体长 15~17 mm，翅展 32~35 mm，体灰褐色。前翅深褐色，具 2 条银色横纹，翅中有 1 条显著的“U”形银纹和 1 个近三角形银斑；

后翅暗褐色，有金属光泽（图 2）。

卵：半球形，初产时乳白色，后为淡黄绿色，卵壳表面有格子形条纹（图 3）。

幼虫：老熟幼虫体长 25~32 mm，体淡黄绿色，前细后粗，体背有纵向的白色细线 6 条，气门线黑色。第 1、2 对腹足退化，行走时呈屈伸状（图 4，图 5）。

图 2　银纹夜蛾成虫

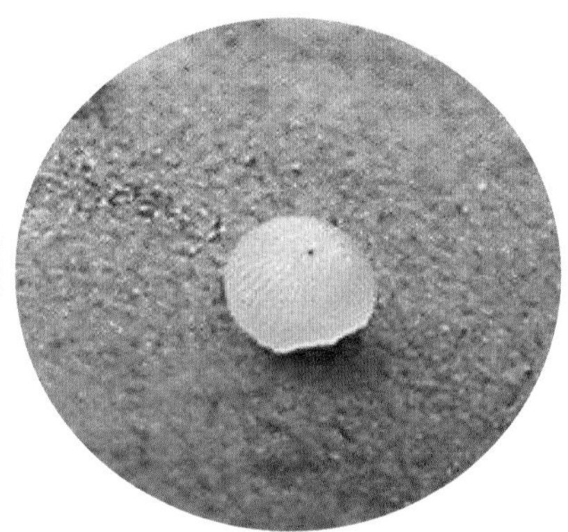

图 3　银纹夜蛾卵

图 4　银纹夜蛾幼虫

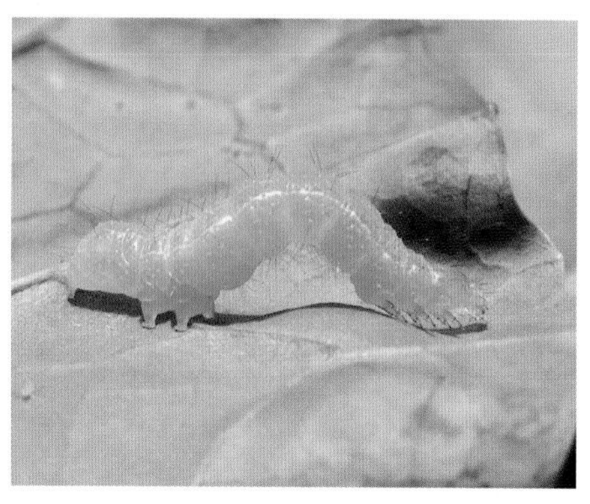

图 5　银纹夜蛾幼虫（行走时呈屈伸状）

蛹：体较瘦，前期腹面绿色，后期全体黑褐色，腹部第1、2节气门孔明显突出，尾刺1对，具薄丝茧（图6~9）。

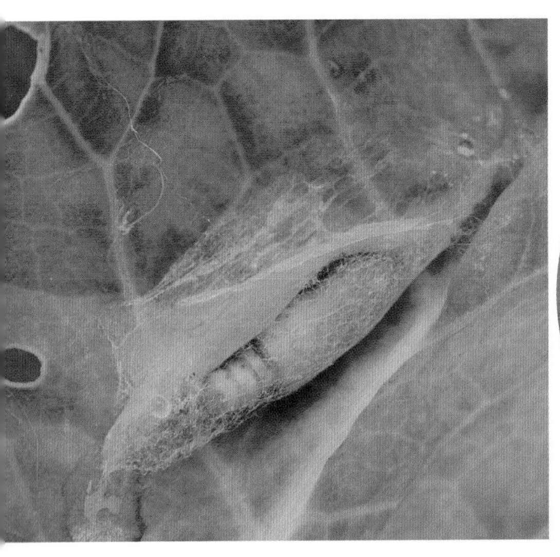

图6　银纹夜蛾蛹（前期）

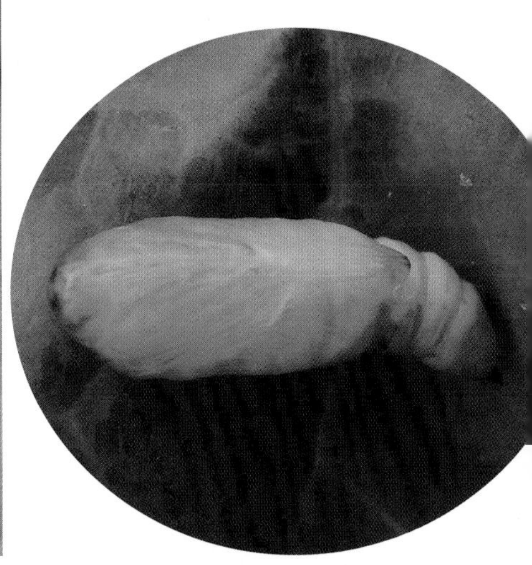

图7　银纹夜蛾蛹（前期）正面

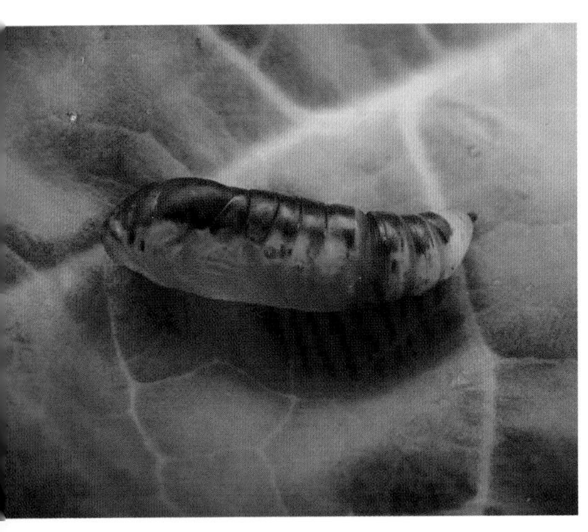

图8　银纹夜蛾蛹（前期）侧面

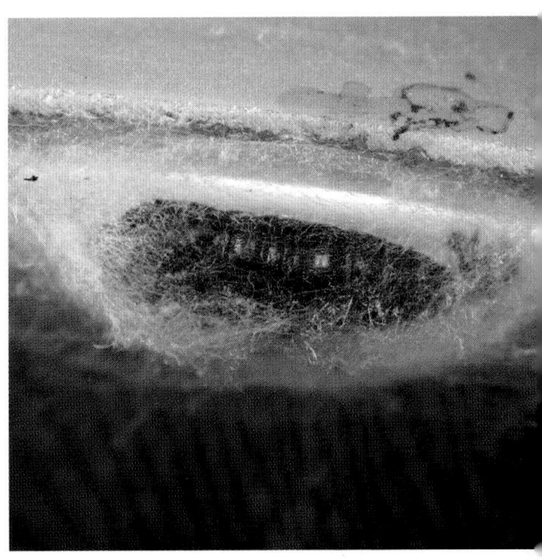

图9　银纹夜蛾蛹（后期）

发生规律

银纹夜蛾在杭州1年发生4代，在湖南1年发生6代，在广州1年发生7代，在河北1年发生3~4代，在山东1年发生5代，在河南1年发生5~6代，以蛹越冬。翌年4月可见成虫羽化，羽化后经4~5 d进入产卵盛期，卵多散产于叶背，第2~3代产卵最多。成虫昼伏夜出，有趋光性和趋化性。初孵幼虫在叶背取食叶肉，3龄后取食嫩叶成孔洞，且食量大增。幼虫共5龄，有假死性，受惊后会蜷缩掉地。在室温下，幼虫期10 d左右。老熟幼虫在寄主叶背吐白丝做茧化蛹。

防治措施

1. 农业防治　冬季清除枯枝落叶，以减少翌年的虫口基数；根据残破叶片和虫粪，人工捕杀幼虫和虫茧。

2. 物理防治　利用成虫的趋光性，用黑光灯或频振式杀虫灯诱杀成虫。

3. 生物防治　保护和利用天敌。

4. 化学防治　防治的最佳时期为卵孵化盛期至幼虫3龄以前，在叶的正反两面喷雾。所用药剂有：10%二氯苯醚菊酯乳油1 000~1 500倍液，或2.5%溴氰菊酯乳油2 000~3 000倍液，或20%甲氰菊酯乳油3 000倍液，或2.5%联苯菊酯乳油3 000倍液，或50%辛硫磷乳油1 000~1 500倍液等。

二十五、 斜纹夜蛾

分布与为害

斜纹夜蛾又名莲纹夜蛾、斜纹夜盗蛾，在我国各地均有分布，以长江流域和黄河流域发生严重。此虫食性杂，寄主植物广泛，除为害豆类(图1)外，在蔬菜上可为害甘蓝、白菜、莲藕、芋头、苋菜、马铃薯、茄子、辣椒、番茄、瓜类、菠菜、韭菜、葱类等，大田作物上还为害甘薯、花生、芝麻、烟草、向日葵、甜菜、玉米、高粱、水稻、棉花等多种作物。以幼虫为害大豆叶片为主，低龄幼虫在叶背取食下表皮和叶肉，留下上表皮和叶脉形成窗纱状； 高龄幼虫可蛀食豆荚，取食叶片形成孔洞和缺刻(图2)。种群数量大时可将植株吃成光秆或仅留叶脉。

图2　斜纹夜蛾为害大豆

图1　大豆田间受害状

形态特征

成虫：体长 14~21 mm，展翅 33~42 mm。体深褐色，头、胸、腹褐色。前翅灰褐色，内外横线灰白色，有白色条纹和波浪纹，前翅环纹及肾纹白边；后翅半透明，白色，外缘前半部褐色（图 3，图 4）。

图 3　斜纹夜蛾成虫（正面）

图 4　斜纹夜蛾成虫（侧面）

卵：半球形，卵粒常常 3~4 层重叠成块，卵块椭圆形，上覆黄褐色绒毛。

幼虫：幼虫体长 35~47 mm，头部黑褐色，胸腹部颜色变化较大，虫口密度大时体黑色，数量少时多为土黄色或绿色。成熟幼虫背线及气门下线灰白色，中胸及第 9 腹节背面各有近似半月形或三角形黑褐色斑 1 对，各节气门前上方或上方各有 1 个黑褐色不规则斑点（图 5，图 6）。

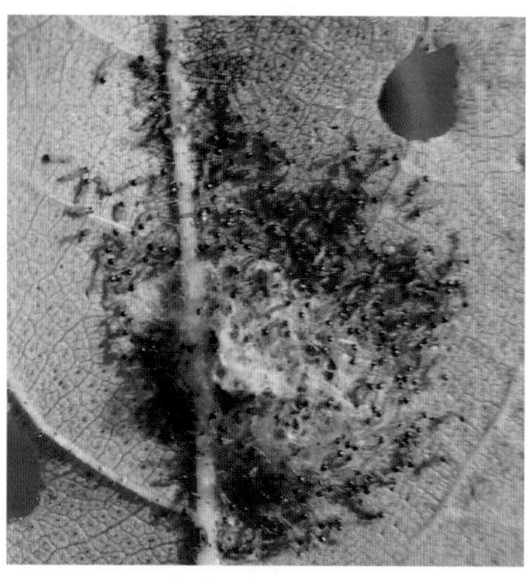
图 5　斜纹夜蛾初孵幼虫

蛹：赤褐色至暗褐色。腹第 4

节背面前缘及第 5~7 节背、腹面前缘密布圆形刻点。气门黑褐色，呈椭圆形。腹端有臀棘 1 对，短，尖端不成钩状（图 7）。

图 6　斜纹夜蛾幼虫

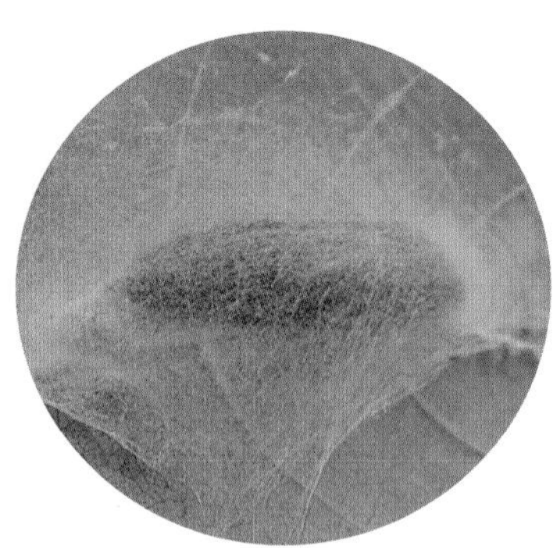
图 7　斜纹夜蛾蛹

发生规律

斜纹夜蛾在长江流域 1 年发生 5~6 代，黄河流域 1 年发生 4~5 代，华南地区可终年繁殖。6~10 月为发生期，以 7~8 月为害严重。以蛹越冬，翌年 3 月羽化。成虫昼伏夜出，黄昏开始活动，对灯光、糖醋液、发酵的胡萝卜和豆饼等有强趋性。成虫有随气流迁飞习性，早春由南向北迁飞，秋天又由北向南迁飞。卵块上面覆盖绒毛。幼虫共 6 龄，老熟幼虫做土室或在枯叶下化蛹。初孵幼虫群栖，能吐丝随风扩散。2 龄后分散为害，3 龄后多隐藏于荫蔽处，4 龄后进入暴食期，以晚上 9~12 时取食量最大。斜纹夜蛾为喜温性害虫，最适温度 28~30 ℃，抗寒力弱。水肥条件好、生长茂密田块发生严重。土壤干燥对其化蛹和羽化不利，大雨和暴雨对低龄幼虫和蛹均有不利影响。

防治措施

1. 农业防治　卵盛发期晴天上午 9 时前或下午 4 时后，迎着阳光人工摘除卵块或初孵“虫窝”。

2. 生物防治

（1）利用自然天敌：斜纹夜蛾自然天敌主要有草蛉、猎蝽、蜘蛛、步甲等，作物田尽量少用化学农药，可减少对天敌的杀伤。

（2）生物制剂防治：卵孵化盛期至低龄幼虫期，亩用 10 亿 PIB/g 斜纹夜蛾核型多角体病毒可湿性粉剂 40~50 g 对水喷雾，或 100 亿孢子 / mL 短稳杆菌悬浮剂 800~1 000 倍液喷雾。

3. 物理防治　利用频振式杀虫灯、黑光灯、糖醋液或豆饼、甘薯发酵液诱杀成虫。

4. 化学防治　卵孵化盛期至低龄幼虫期，用 2.5% 溴氰菊酯乳油 2 000~3 000 倍液，或 48% 毒死蜱乳油 1 000 倍液，或 20% 灭幼脲悬浮剂 800 倍液，或 1% 苦皮藤素水乳剂 800~1 000 倍液，或 1.8% 阿维菌素乳油 1 000 倍液均匀喷雾。

二十六、棉铃虫

分布与为害

棉铃虫又称钻桃虫、钻心虫等，分布广，食性杂，可为害大豆、棉花、玉米、高粱、小麦、水稻、烟草、花生、芝麻、番茄、菜豆、豌豆、苜蓿、向日葵等多种农作物。以幼虫蛀食花、豆荚为主，也为害嫩茎、叶（图 1）和芽。豆荚常被钻蛀，钻孔造成雨水、病菌流入引起腐烂，严重影响大豆的产量和质量。

图 1　棉铃虫为害大豆

形态特征

成虫：体长 15~20 mm，前翅颜色变化大，雌蛾多黄褐色，雄蛾多绿褐色，外横线有深灰色宽带，带上有 7 个小白点，肾形纹和环形纹暗褐色（图 2）。

卵：近半球形，初产时乳白色，近孵化时紫褐色（图 3）。

图 2　棉铃虫成虫

图 3　棉铃虫卵

幼虫：老熟幼虫体长 40~45 mm，头部黄褐色，气门线白色，体背有十几条细纵线条，各腹节上有刚毛疣 12 个，刚毛较长。两根前胸侧毛的连线与前胸气门下端相切，这是区分棉铃虫幼虫与烟青虫幼虫的主要特征。体色变化多，大致分为黄白色型、黄色红斑型、灰褐色型、土黄色型、淡红色型、绿色型、黑色型、咖啡色型、绿褐色型等 9 种类型（图 4，图 5）。

图 4　黑色型棉铃虫

图 5　绿色型棉铃虫

蛹：长 17~20 mm，纺锤形、黄褐色，5~7 腹节前缘密布比体色略深的刻点，尾端有臀刺 2 个（图 6）。

图6　棉铃虫蛹

发生规律

棉铃虫在辽宁 1 年发生 3 代，在西北 1 年发生 3~5 代，在黄河流域 1 年发生 4 代，在长江流域 1 年发生 4~5 代，在华南 1 年发生 6~8 代。以滞育蛹在 3~10 cm 深的土中越冬，黄河流域 4 月中旬至 5 月上旬气温 15 ℃以上时开始羽化。1 代主要为害小麦和春玉米等作物，2~4 代主要在豆类、棉花、玉米、花生、番茄等作物上为害，4 代还为害高粱、向日葵和越冬苜蓿等。在大豆上，成虫卵多产在大豆中上部的嫩梢、嫩叶、幼荚、花萼和茎基上。幼虫共 6 龄，少数 5 龄或 7 龄。1、2 龄幼虫有吐丝下垂习性，3 龄后转移为害，4 龄后食量大增。幼虫 3 龄前多在叶面活动为害，是施药防治的最佳时机。末龄幼虫入土化蛹，土室具有保护作用，羽化后成虫沿原道爬出土面后展翅。各虫态发育最适温度为 25~28 ℃，相对湿度为 70%~90%。成虫有趋光性，对半枯萎的杨树枝有很强的趋性。幼虫有自残习性。

防治措施

1. 农业防治　秋田收获后，及时深翻耙地，冬灌，可消灭大量越冬蛹；选用抗虫、耐虫品种。

2. 物理防治

（1）诱杀成虫：成虫发生期，集中连片应用频振式杀虫灯、450 W 高压汞灯、20 W 黑光灯、棉铃虫性诱剂诱杀成虫。

（2）诱集成虫：第 2、3 代棉铃虫成虫羽化期，可插萎蔫的杨树枝把诱集成虫，每亩 10~15 把，每天清晨日出之前集中捕杀成虫；在豆田边或插花种植春玉米、高粱、留种洋葱、胡萝卜等作物形成诱集带，可诱集棉铃虫产卵，集中杀灭。

3. 生物防治 棉铃虫寄生性天敌主要有姬蜂、茧蜂、赤眼蜂、真菌、病毒等，捕食性天敌主要有瓢虫、草蛉、捕食蝽、胡蜂、蜘蛛等，对棉铃虫有显著的控制作用。

从第 2 代开始，每代棉铃虫卵始盛期人工释放赤眼蜂 3 次，每次间隔 5~7 d，放蜂量为每次每亩 1.2 万 ~1.4 万头，每亩均匀放置 5~8 个点。

棉铃虫卵始盛期，每亩 16 000 IU/mg 苏云金杆菌可湿性粉剂 100~150 mL，或 10 亿 PIB/g 棉铃虫核型多角体病毒可湿性粉剂 80~100 g 对水 40 kg 喷雾。

4. 化学防治 幼虫 3 龄前选用 50% 辛硫磷乳油 1 000~1 500 倍液，或 40% 毒死蜱乳油 1 000~1 500 倍液，或 4.5% 高效氯氰菊酯乳油 2 500~3 000 倍液，或 2.5% 溴氰菊酯乳油 2 500~3 000 倍液均匀喷雾。

二十七、人纹污灯蛾

分布与为害

人纹污灯蛾又称人字纹灯蛾、桑红腹灯蛾等，在华东、华南、华北及西南地区均有分布。不仅为害豆类，还为害白菜、甘蓝、花椰菜等十字花科蔬菜及瓜类、马铃薯、玉米等作物。主要以幼虫取食叶片，造成叶片缺刻和孔洞。

形态特征

成虫：体长约 20 mm，翅展 40~55 mm。体、翅白色，腹部背面除基节与端节外皆红色，背面、侧面具一列黑点。前翅外缘至后缘有一斜列黑点，两翅合拢时呈“人”字形，后翅略染红色（图 1）。

图 1　人纹污灯蛾成虫

卵：直径约 0.6 mm，扁球形，初产时乳白色，后渐变为浅黄色至黄褐色。

幼虫：幼虫一般 7 龄，末龄幼虫体长约 5 cm。不同龄期幼虫形态变化较大，4 龄幼虫头黑色，体黄褐色，体毛除尾部为黑褐色外，其余多为短而稀的黄白色；背线和亚背线为断续黄白色。5 龄后体长增长较快，体色加深，头、胸、足为黑褐色，体毛色加深为褐色或黑褐色，长而密，呈毛簇状。老熟幼虫体黄褐色或灰褐色，背线橙红色，亚背线褐色，体毛为棕褐色长毛（图 2，图 3）。

蛹：体长 18 mm，椭圆形，棕褐色，末端具 12 根短刚毛。

茧：长椭圆形，褐色，有丝黏合体毛织成。

图 2　人纹污灯蛾幼虫（1）

图 3　人纹污灯蛾幼虫（2）

发生规律

人纹污灯蛾在我国东部地区 1 年发生 2 代，在福建 1 年发生 4 代。老熟幼虫在地表落叶或浅土中吐丝黏合体毛做茧，以蛹越冬。成虫有较强的趋光性，卵成块产于叶背。初孵幼虫群集叶背取食，仅食叶肉，残留膜状表皮。3 龄后分散为害，食叶呈缺刻状，受惊后有落地假死习性，卷缩成环。4 龄后食叶仅留叶脉，5 龄后食量猛增，不仅食尽全叶，还取食嫩枝幼芽，且爬行速度快。

防治措施

1. 农业防治　发现带有卵块叶片，及时人工摘除；收获后，清除田间枯枝落叶，集中销毁，降低越冬虫源基数；进行冬耕深翻土壤，杀灭越冬虫蛹。

2. 物理防治　利用黑光灯或杀虫灯，诱杀成虫。

3. 化学防治　喷施2.5%溴氰菊酯乳油3 500倍液，或2.5%高效氯氰菊酯乳油2 000倍液，或20%氰戊菊酯乳油3 000倍液，防治幼虫。

二十八、星白雪灯蛾

分布与为害

星白雪灯蛾又称红腹灯蛾、黄腹灯蛾、星白灯蛾，分布于河南、安徽、江苏、浙江、上海、福建、云南、贵州等地。除为害大豆外，也为害玉米、棉花和十字花科、茄科蔬菜等多种农作物。以幼虫为害叶片，将叶片吃成缺刻或孔洞，严重时仅存叶脉，也为害花和果。

形态特征

成虫：体长 14~18 mm，翅展 33~46 mm。雄蛾触角栉齿状，下唇须背面和尖端黑褐色。腹部背面除基节和端节外黄色或红色，每腹节中央有 1 个黑斑，两侧各有 2 个黑斑。前翅散布黑色斑点，黑点数因个体差异，或多或少，各不相同。夏末出现的个体略小，前翅几乎呈白色，翅表黑斑数目较多（图 1）。

图 1　星白雪灯蛾成虫

卵：半球形，初产为乳白色，后变成浅黄色，表面有网状纹。

幼虫：土黄色至黑褐色，背部有 1 条灰色或灰褐色纵带，密生棕黄色至黑褐色长毛，气门白色，头黑色，腹足土黄色（图 2，图 3）。

蛹：黑褐色，外面有黄色丝茧，裹有较多幼虫脱落的体毛。

图 2　星白雪灯蛾老熟幼虫（1）

图 3　星白雪灯蛾老熟幼虫（2）

发生规律

在华北、华东地区 1 年发生 2~3 代，以蛹在土中越冬，翌年 3~4 月羽化，以第 2 代幼虫发生期 8~9 月为害较重。成虫有趋光性，羽化后 3~4 d 开始产卵，卵块产于叶背，经 5~6 d 孵化。幼虫共 7 龄，受惊有假死习性，初龄幼虫群集为害，3 龄后开始分散，老熟后在地表结茧化蛹。第 2 代老熟幼虫从 9 月开始，向沟坡、道旁等处转移化蛹越冬。

防治措施

1. 农业防治　发现带有卵块和群集为害的有虫叶片应及时人工摘除；冬季深翻土壤，消灭越冬蛹。

2. 物理防治　成虫羽化盛期，用黑光灯或杀虫灯诱杀成虫。

3. 化学防治　喷施 90% 晶体敌百虫 1 000 倍液，或 50% 辛硫磷乳油 1 000 倍液，或 20% 氰戊菊酯乳油 3 000 倍液，防治幼虫。

二十九、大造桥虫

分布与为害

大造桥虫主要发生在长江流域和黄河流域，呈间歇性、局部为害，为害大豆、花生、棉花等作物，以幼虫蚕食叶片，严重时整株被害光秃，片叶不留（图 1，图 2）。

图 1　大造桥虫为害大豆吃光叶片

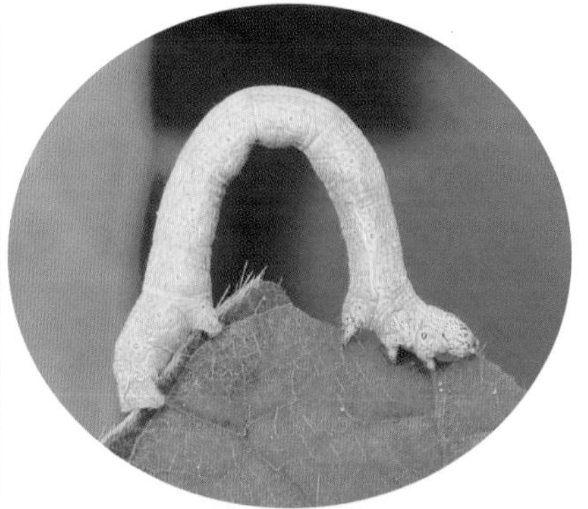

图 2　大造桥虫幼虫为害叶片呈缺刻状

形态特征

成虫：体长 16~20 mm，翅展 38~45 mm。体色变异大，多为灰褐色。前、后翅内横线、外横线为深褐色，条纹对应连接。前、后翅上各有 1 条暗褐色星纹（图 3）。

图 3　大造桥虫成虫

卵：长椭圆形，青绿色。

幼虫：低龄幼虫体灰黑色，逐渐变为灰白色；老熟幼虫体长约40 mm，灰黄色或黄绿色，头较大，有暗点状纹。幼虫腹部第2节背中央近前缘处有1对深黄褐色毛瘤，腹部仅有1对腹足（图4~6）。

蛹：体长14 mm左右，深褐色，有臀棘2根（图7）。

图4　大造桥虫幼虫（绿色型）

图5　大造桥虫幼虫（土黄色型）

图6　大造桥虫幼虫蜕皮

图7　大造桥虫蛹

发生规律

大造桥虫多数为1年发生3代。成虫多昼伏夜出，趋光性较强，多趋向于植株茂密的豆田内产卵，卵多产在豆株中上部叶片背面。幼虫5~6龄，低龄幼虫喜欢隐蔽在叶背面剥食叶肉，3龄后主要为害豆株上部叶片，食量增加，5龄后进入暴食期。

防治措施

1. 物理防治 利用黑光灯、杀虫灯诱杀成虫。

2. 化学防治 在幼虫 3 龄前，喷施 50% 辛硫磷乳油 1 500~2 000 倍液，或 90% 晶体敌百虫 1 000 倍液，或 80% 敌敌畏乳油 1 000~1 500 倍液，或 5% 锐劲特悬浮剂 1 500 倍液，或 2.5% 溴氰菊酯乳油 3 000 倍液，或 5% 高效氯氰菊酯乳油 2 000 倍液。

三十、小造桥虫

分布与为害

小造桥虫又称棉小造桥虫、小造桥夜蛾、棉夜蛾。在黄河流域和长江流域为害较重。以幼虫取食叶片、花、豆荚和嫩枝。低龄幼虫取食叶肉，留下表皮，像筛孔，大龄幼虫把叶片咬成许多缺刻或孔洞，为害严重时可将叶片食尽，只留下叶脉。

形态特征

成虫：体长为 10~13 mm，翅展 26~32 mm，头胸部橘黄色，腹部背面灰黄色或黄褐色。前翅外端呈暗褐色，有 4 条波纹状横纹，内半部淡黄色，有红褐色小点。雄蛾触角双栉状，雌蛾触角丝状（图 1）。

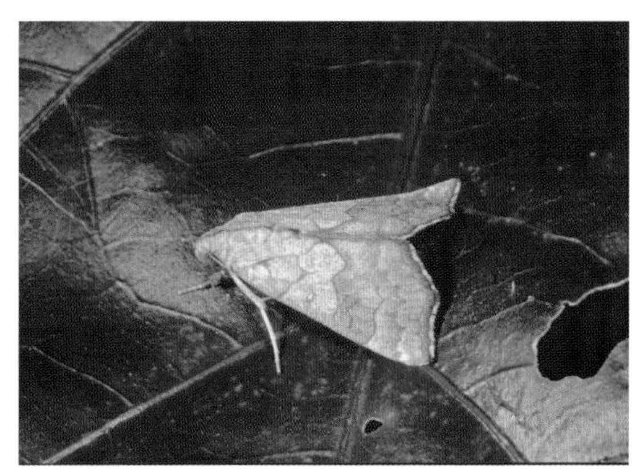

图 1　小造桥虫成虫

卵：青绿到褐绿色，扁椭圆形。卵壳上的纵脊和横脊比较明显。

幼虫：老熟幼虫体长 33~37 mm，头淡黄色，体黄绿色，背线、亚背线、气门上线灰褐色，中间有不连续的白斑，以气门上线较明显。第 1

对腹足退化，第 2 对较短小，第 3、4 对足趾钩 18~22 个，爬行时虫体中部拱起，似尺蠖（图 2，图 3）。

蛹：红褐色，有 3 对尾刺（图 4）。

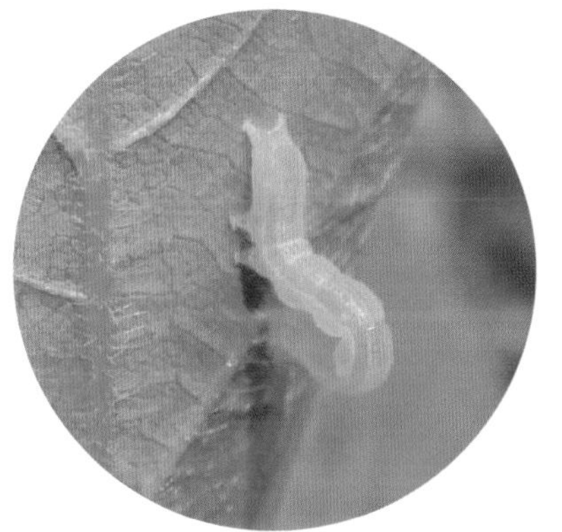

图 2　小造桥虫幼虫为害大豆

图 3　小造桥虫被寄生

发生规律

图 4　小造桥虫蛹

在黄河流域 1 年发生 3~4 代。第 1 代幼虫为害盛期在 7 月中下旬，第 2 代在 8 月上中旬，第 3 代在 9 月上中旬。成虫有较强的趋光性，对杨树枝也有趋性，夜间取食、交配、产卵。卵散产在叶片背面。初孵幼虫活跃，有吐丝下垂习性，受惊滚动下落，常随风飘移转株为害。1~2 龄幼虫常取食下部叶片，稍大则转移至上部叶片为害，4 龄后进入暴食期。幼虫老熟后先吐丝后化蛹，把豆叶的一角缀成苞，有的吐丝把相邻两叶叠合在其内化蛹，小造桥虫为害多在 7 月下旬以后，大发生的时间与损失关系密切，发生越早损失越重。

防治措施

1. 物理防治 在小造桥虫成虫发生期，在田间用杨树枝把或黑光灯、杀虫灯诱杀成虫。

2. 生物防治 保护利用天敌绒茧蜂、悬姬蜂、赤眼蜂、草蛉、胡蜂、小花蝽、瓢虫等。

3. 化学防治 在幼虫孵化盛末期到3龄盛期，可选用20%虫酰肼悬浮剂2 000倍液，或48%乐斯本乳油2 000倍液，或48%毒死蜱乳油2 000倍液，或5%氟虫脲可分散液剂1 500倍液喷雾，交替使用。

三十一、茄二十八星瓢虫

分布与为害

茄二十八星瓢虫在全国各地均有发生，但主要在长江以南各省为害严重。为害豆科、茄科、葫芦科、十字花科、藜科植物，以成虫和幼虫舔食大豆植株叶肉，形成许多不规则半透明的细凹纹，有时也会将叶面吃成孔洞或仅留叶脉，严重时将全叶食尽。

形态特征

成虫：体长 6 mm，半球形，黄褐色，体表密生黄色细毛。前胸背板上有 6 个黑点，两鞘翅合缝处黑斑不相连，每个鞘翅上有 14 个黑斑，其中第 2 列 4 个黑斑呈 1 条直线（马铃薯瓢虫两鞘翅合缝处有 1~2 对黑斑相连，鞘翅上第 2 列 4 个黑斑不在一条线上）（图 1，图 2）。

图 1　茄二十八星瓢虫成虫

图 2　马铃薯二十八星瓢虫成虫

卵：长约 1.2 mm，弹头形，淡黄至褐色，卵粒排列较紧密（图 3）。

幼虫：末龄幼虫体长约 7 mm，初龄淡黄色，后变白色；体表多枝刺，其基部有黑褐色环纹，枝刺白色。

蛹：长 5.5 mm，椭圆形，背面有黑色斑纹，尾端包着末龄幼虫的蜕皮（图 4）。

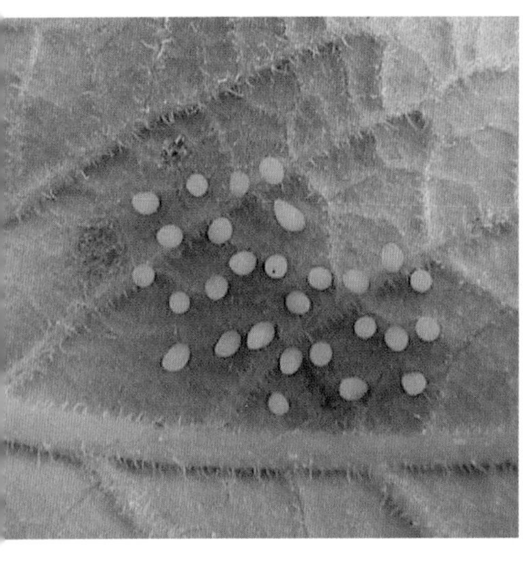

图 3 茄二十八星瓢虫卵

图 4 茄二十八星瓢虫蛹

发生规律

茄二十八星瓢虫在华北地区 1 年发生 2 代，在长江流域 1 年发生 3~5 代，以成虫群集越冬。一般于 5 月开始活动，6 月上旬为产卵盛期，6 月下旬至 7 月上旬为第 1 代幼虫为害期，7 月底至 8 月初为第 1 代幼虫羽化盛期，8 月中旬为第 2 代幼虫为害盛期，9 月中旬后羽化的成虫开始寻找越冬场所。成虫白天活动，以上午 10 时至下午 4 时最为活跃，午前多在叶背取食，下午后转向叶面取食。成虫有假死性和自残性。雌成虫将卵块产于叶背。幼虫共 4 龄，初孵幼虫群集为害，2 龄后分散为害。老熟幼虫在原处或枯叶中化蛹。卵期 5~6 d，幼虫期 15~25 d，蛹期 4~15 d，成虫寿命 25~60 d。

防治措施

1. 农业防治 利用成虫假死习性人工捕捉成虫，用盆接并叩打植株使之坠落，收集消灭；此虫产卵集中成群，颜色鲜艳，极易发现，易于人工摘除卵块；及时清洁田园，处理残株，降低越冬虫源基数。

2. 化学防治 利用幼虫分散前的有利时机，可用 20% 氰戊菊酯乳油 2 000~3 000 倍液，或 2.5% 溴氰菊酯乳油 1 500~2 000 倍液，或 2.5% 高效氯氟氰菊酯乳油 2 000~3 000 倍液，或 1% 苦皮藤素水乳剂 800~1 000 倍液，或 40% 辛硫磷乳油 600~800 倍液，或 80% 敌敌畏乳油 1 000 倍液喷雾。

三十二、小绿叶蝉

分布与为害

小绿叶蝉在全国各地普遍发生。主要为害豆科、禾本科、棉花、马铃薯等作物及十字花科蔬菜、果树等。以成虫、若虫吸食植株汁液，受害叶片出现白色斑点，严重时叶片苍白早落。

形态特征

成虫：体长 3.3~3.7 mm，淡黄绿色。头背面略短，向前突，喙微褐，基部绿色。前胸背板、小盾片浅绿色，常具有白色斑点。前翅半透明，淡黄白色，周缘具淡绿色细边；后翅透明膜质（图 1）。

卵：香蕉形，乳白色。

若虫：体长 2.5~3.5 mm，与成虫相似（图 2）。

图 1　小绿叶蝉成虫

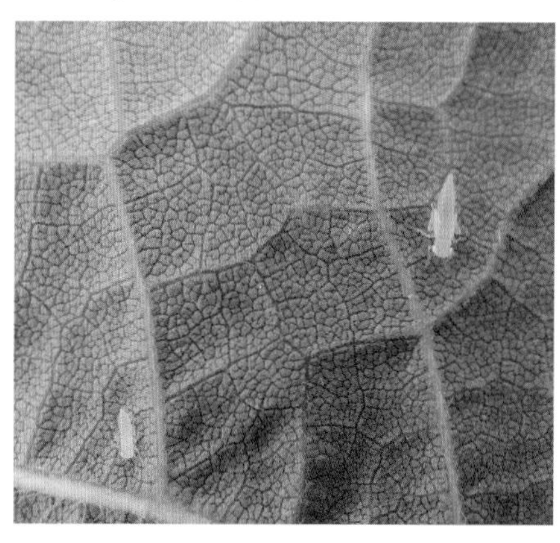

图 2　小绿叶蝉若虫

发生规律

小绿叶蝉 1 年发生 4~6 代。以成虫在落叶、杂草中越冬或低矮绿色植物中越冬，翌年春季开始为害，8~9 月虫口数量最多，为害最重，秋后以末代成虫越冬。成虫善跳，可借风力扩散。成虫、若虫喜白天活动，在叶背刺吸汁液或栖息。

防治措施

1. 农业防治 秋季和春季及时清除田间及地边杂草，减少越冬虫源。

2. 药剂防治 在各代若虫孵化盛期，及时喷施 2.5% 溴氰菊酯乳油 3 000 倍液，或 25% 速灭威可湿性粉剂 600~800 倍液，或 1.8% 阿维菌素乳油 3 000~4 000 倍液，或 2.5% 氟氯氰菊酯乳油 3 000 倍液，或 10% 吡虫啉可湿性粉剂 2 500 倍液。

三十三、地老虎

分布与为害

地老虎又称土蚕、地蚕、黑土蚕、黑地蚕，主要种类有小地老虎、黄地老虎、大地老虎和八字地老虎等。小地老虎在我国各地均有发生，黄地老虎主要分布在西北和黄河流域。地老虎食性较杂，除为害大豆外，还可为害棉花、玉米、烟草、芝麻和多种蔬菜等作物，也取食藜、小蓟等杂草，是多种作物苗期的主要害虫。幼虫在土中咬食种子、幼芽，老龄幼虫可将幼苗基部咬断，造成缺苗断垄，1、2 龄幼虫啃食叶肉，残留表皮呈“窗孔状”。子叶受害，可形成很多孔洞或缺刻。1 头地老虎幼虫一生可为害 3~5 株幼苗，多的达 10 株以上。

形态特征

1. 小地老虎

成虫：体长 17~23 mm，灰褐色，前翅有肾形斑、环形斑和棒形斑。肾形斑外边有 1 个明显的尖端向外的楔形黑斑，亚缘线上有 2 个尖端向里的楔形斑，3 个楔形斑相对，易识别（图 1）。

图 1　小地老虎成虫

幼虫：老熟幼虫体长 37~50 mm，头部褐色，有不规则褐色网纹，臀板上有 2 条深褐色纵纹 (图 2)。

蛹：体长 18~24 mm，第 4~7 节腹节基部有一圈刻点，在背面的大而深，末端具 1 对臀刺。

图 2　小地老虎幼虫

2. 黄地老虎

成虫：体长 14~19 mm，前翅黄褐色，有 1 个明显的黑褐色肾形斑和黄色斑纹 (图 3)。

幼虫：老熟幼虫体长 33~45 mm，头部深黑褐色，有不规则的深褐色网纹，臀板有 2 个大块黄褐色斑纹，中央断开，有分散的小黑点。

3. 大地老虎

成虫：体长 25~30 mm，前翅前缘棕黑色，其余灰褐色，有棕黑色的肾状斑和环形斑 (图 4)。

幼虫：老熟幼虫体长 41~60 mm，黄褐色，体表多皱纹，臀板深褐色，布满龟裂状纹。

图 3　黄地老虎成虫

图 4　大地老虎成虫

发生规律

小地老虎在黄河流域 1 年发生 3~4 代，在长江流域 1 年发生 4~6

代，以幼虫或蛹越冬，黄河以北不能越冬。卵产在土块、地表缝隙、土表的枯草茎和根须上以及农作物幼苗和杂草叶片的背面。1 代卵孵化盛期在 4 月中旬，4 月下旬至 5 月上旬为幼虫盛发期，阴凉潮湿、杂草多、湿度大的田块虫量多，发生重。

黄地老虎在西北地区 1 年发生 2~3 代，在黄河流域 1 年发生 3~4 代，以老熟幼虫在土中越冬，翌年 3~4 月化蛹，4~5 月羽化，成虫发生期比小地老虎晚 20~30 d，5 月中旬进入 1 代卵孵化盛期，5 月中下旬至 6 月中旬进入幼虫为害盛期。黄地老虎只有第 1 代幼虫为害秋苗。一般在土壤黏重、地势低洼和杂草多的田块发生较重。

大地老虎在我国 1 年发生 1 代，以幼虫在土中越冬，翌年 3~4 月出土为害，4~5 月进入为害盛期，9 月中旬后化蛹羽化，在土表和杂草上产卵，幼虫孵化后在杂草上生活一段时间后越冬，其他习性与小地老虎相似。

防治措施

1. 农业防治　播前精细整地，清除杂草，苗期灌水，可消灭部分害虫。

2. 物理防治　成虫发生期用频振式杀虫灯、黑光灯、杨树枝把、新鲜的桐树叶和糖醋液（糖：醋：酒：水 = 6：3：1：10）等方法可诱杀地老虎成虫。

3. 生物防治　地老虎的主要天敌有寄生蜂、步甲、虎甲等，应保护利用天敌。

4. 化学防治

（1）毒饵诱杀：地老虎幼虫发生期，用 90% 晶体敌百虫 100 g 对水 1 000 g 混匀后喷洒在 5 kg 炒香的麦麸或砸碎炒香的棉籽饼上拌匀，配制成毒饵，傍晚顺垄撒施在幼苗附近可诱杀幼虫。

（2）药剂防治：低龄幼虫发生期，用 90% 晶体敌百虫 1 000 倍液，或 40% 辛硫磷乳油 1 500 倍液，或 20% 氰戊菊酯乳油 1 500~2 000 倍液喷雾，注意辛硫磷浓度不能超过 1 000 倍液，避免产生药害。

三十四、蛴螬

分布与为害

蛴螬是鞘翅目、金龟甲总科幼虫的总称，在我国为害最重的是大黑鳃金龟、暗黑鳃金龟和铜绿丽金龟。大黑鳃金龟国内除西藏尚未报道外，各省（区）均有分布。暗黑鳃金龟各省（区）均有分布，为长江流域及其以北旱作地区的重要地下害虫。铜绿丽金龟国内除西藏、新疆尚未报道外，其他各省（区）均有分布，但以气候较湿润且果树、林木多的地区发生较多。蛴螬类（图 1）食性很杂，可以为害多种农作物、牧草及果树和林木的幼苗。蛴螬取食萌发的种子，咬断幼苗的根、茎，轻则缺苗断垄，重则毁种绝收。蛴螬为害幼苗的根、茎，断口整齐平截，易于识别。许多种类的成虫还喜食农作物和果树、林

图 1　蛴螬

木的叶片、嫩芽、花蕾等，造成严重损失（图 2，图 3）。

图 2 铜绿丽金龟为害大豆

图 3 中华弧丽金龟为害大豆

形态特征

1. 大黑鳃金龟

成虫：体长 16~22 mm，宽 8~11 mm。黑色或黑褐色，具光泽。触角 10 节，鳃片部 3 节呈黄褐色或赤褐色，约为其后 6 节之长度。鞘翅长椭圆形，其长度为前胸背板宽度的 2 倍，每侧有 4 条明显的纵肋。前足胫节外齿 3 个，内方距 1 根；中、后足胫节末端距 2 根。臀节外露，背板向腹下包卷，与腹板相会合于腹面。雄性前臀节腹板中间具明显的三角形凹坑，雌性前臀节腹板中间无三角形凹坑，但具 1 个横向的枣红色菱形隆起骨片（图 4，图 5）。

图 4 大黑鳃金龟成虫

图 5 大黑鳃金龟成虫交尾（女贞）

卵：初产时长椭圆形，长约 2.5 mm，宽约 1.5 mm，白色略带黄绿色光泽；发育后期近圆球形，长约 2.7 mm，宽约 2.2 mm，洁白有光泽。

幼虫：3 龄幼虫体长 35~45 mm，头宽 4.9~5.3 mm。头部前顶刚毛每侧 3 根，其中冠缝侧 2 根，额缝上方近中部 1 根。内唇端感区刺多为 14~16 根，感区刺与感前片之间除具 6 个较大的圆形感觉器外，尚有 6~9 个小圆形感觉器。肛腹板后覆毛区无刺毛列，只有钩状毛散乱排列，多为 70~80 根（图 6）。

蛹：长 21~23 mm，宽 11~12 mm，化蛹初期为白色，以后变为黄褐色至红褐色，复眼的颜色依发育进度由白色依次变为灰色、蓝色、蓝黑色至黑色。

2. 暗黑鳃金龟

成虫：体长 17~22 mm，宽 9.0~11.5 mm。长卵形，暗黑色或红褐色，无光泽。前胸背板前缘具有成列的褐色长毛。鞘翅伸长，两侧缘几乎平行，每侧 4 条纵肋不显。腹部臀节背板不向腹面包卷，与肛腹板相会合于腹末（图 7）。

图 6　大黑鳃金龟幼虫

图 7　暗黑鳃金龟成虫

卵：初产时长约 2.5 mm，宽约 1.5 mm，长椭圆形；发育后期呈近圆球形，长约 2.7 mm，宽约 2.2 mm。

幼虫：3 龄幼虫体长 35~45 mm，头宽 5.6~6.1 mm。头部前顶刚毛每侧 1 根，位于冠缝侧。内唇端感区刺多为 12~14 根；感区刺与感前片之间除具有 6 个较大的圆形感觉器外，尚有 9~11 个小的圆形感觉器。肛腹板后部覆毛区无刺毛列，只有散乱排列的钩状毛 70~80 根（图 8）。

蛹：长 20~25 mm，宽 10~12 mm，腹部背面具发音器2对，分别位于腹部第4、5节和第5、6节交界处的背面中央，尾节呈三角形，2尾角呈钝角岔开。

图 8　暗黑鳃金龟幼虫

3. 铜绿丽金龟

成虫：体长 19~21 mm，宽 10~11.3 mm。背面铜绿色，其中头、前胸背板、小盾片色较浓，鞘翅色较淡，有金属光泽。唇基前缘、前胸背板两侧呈淡黄褐色。鞘翅两侧具不明显的纵肋 4 条，肩部具疣状突起。臀板三角形，黄褐色，基部有 1 个倒的正三角形大黑斑，两侧各有 1 个小椭圆形黑斑（图 9，图 10）。

卵：初产时椭圆形，长 1.65~1.93 mm，宽 1.30~1.45 mm，乳白色；

图 9　铜绿丽金龟成虫

图 10　铜绿丽金龟成虫交尾（女贞）

孵化前呈圆球形，长 2.37~2.62 mm，宽 2.06~2.28 mm，卵壳表面光滑。

幼虫：3 龄幼虫体长 30~33 mm，头宽 4.9~5.3 mm。头部前顶刚毛每侧 6~8 根，排成一纵列。内唇端感区刺大多 3 根，少数为 4 根；感区刺与感前片之间具圆形感觉器 9~11 个，居中 3~5 个较大。肛腹板后部覆毛区刺毛列由长针状刺毛组成，每侧多为 15~18 根，两列刺毛尖端大多彼此相遇或交叉，仅后端稍许岔开些，刺毛列的前端远没有达到钩状刚毛群的前部边缘。

蛹：长 18~22 mm，宽 9.6~10.3 mm，体稍弯曲，腹部背面有 6 对发音器，臀节腹面上，雄蛹有 4 列的疣状突起，雌蛹较平坦，无疣状突起。

发生规律

大黑鳃金龟在我国仅华南地区 1 年发生 1 代，以成虫在土中越冬；其他地区均是 2 年发生 1 代，成虫、幼虫均可越冬，但在 2 年 1 代区，存在不完全世代现象。在北方越冬成虫于春季 10 cm 土温上升到 14~15 ℃时开始出土，10 cm 土温达 17℃以上时成虫盛发。5 月中下旬日均气温 21.7 ℃时田间始见卵，6 月上旬至 7 月上旬日均气温 24.3~27.0 ℃时为产卵盛期，末期在 9 月下旬。卵期 10~15 d，6 月上中旬开始孵化，盛期在 6 月下旬至 8 月中旬。孵化幼虫除极少一部分当年化蛹羽化，大部分当秋季 10 cm 土温低于 10 ℃时，即向深土层移动，低于 5℃时全部进入越冬状态。越冬幼虫翌年春季当 10 cm 土温上升到 5℃时开始活动。以幼虫越冬为主的年份，翌年春季麦田和春播作物受害重，而夏秋作物受害轻；以成虫越冬为主的年份，翌年春季作物受害轻，夏秋作物受害重。出现隔年严重危害的现象，群众谓之“大小年”。

暗黑鳃金龟在江苏、安徽、河南、山东、河北、陕西等地均是 1 年发生 1 代，多数以 3 龄幼虫筑土室越冬，少数以成虫越冬。以成虫越冬的，成为翌年 5 月出土的虫源。以幼虫越冬的，一般春季不为害，于 4 月初至 5 月初开始化蛹，5 月中旬为化蛹盛期。蛹期 15~20 d，6 月上旬开始羽化，盛期在 6 月中旬，7 月中旬至 8 月上旬为成虫活动高峰期。7 月初田间始见卵，盛期在 7 月中旬，卵期 8~10 d，7 月中旬开始孵化，7 月下旬为孵化盛期。初孵幼虫即可为害，8 月中下旬为幼虫为害盛期。

铜绿丽金龟 1 年发生 1 代，以幼虫越冬。越冬幼虫在春季 10 cm 深的土温高于 6 ℃时开始活动，3~5 月有短时间为害。在江苏、安徽等地越冬幼虫于 5 月中旬至 6 月下旬化蛹，5 月底为化蛹盛期。成虫出现始期为 5 月下旬，6 月中旬进入活动盛期。产卵盛期在 6 月下旬至 7 月上旬。7 月中旬为卵孵化盛期，孵化幼虫为害至 10 月中旬。当 10 cm 深的土温低于 10 ℃时，开始下潜越冬。越冬深度大多在 20~50 cm。室内饲养观察表明，铜绿丽金龟的卵期、幼虫期、蛹期和成虫期分别为 7~13 d、313~333 d、7~11 d 和 25~30 d。在东北地区，春季幼虫为害期略迟，盛期在 5 月下旬至 6 月初。

防治措施

1. 农业防治 大面积秋、春耕，并随犁拾虫，腐熟厩肥，以降低虫口数量；在蛴螬发生严重的地块，合理灌溉，促使蛴螬向土层深处转移，避开幼苗最易受害时期。

2. 物理防治 使用频振式杀虫灯防治成虫效果极佳。一般 6 月中旬开始开灯，8 月底撤灯，每日开灯时间为晚 9 时至次日凌晨 4 时。

3. 化学防治

（1）土壤处理：可用 50% 辛硫磷乳油每亩 200~250 mL，加水 10 倍，喷于 25~30 kg 细土中拌匀成毒土，顺垄条施，随即浅锄，能收到良好效果。

（2）种子处理：拌种用的药剂主要有 50% 辛硫磷乳油，其用量一般为药剂：水：种子 = 1：（30~40）：（400~500），或用种子量 2% 的 35% 克百威种衣剂拌种。

（3）沟施毒谷：每亩用 25% 辛硫磷胶囊剂 150~200 g 拌谷子等饵料 5 kg 左右，或 50% 辛硫磷乳油 50~100 g 拌饵料 3~4 kg 撒于种沟中。

三十五、土　蝗

分布与为害

土蝗是非远距离迁飞的蝗虫种类的统称，种类繁多，分布广泛，多生活在山区坡地以及平原低洼地区的高岗、田埂、地头等处。食性复杂，除为害大豆（图 1，图 2）外，还可为害其他粮食作物、棉花、蔬菜等。据调查，我国有土蝗 176 种，其中河南 104 种、陕西 103 种、河北 74 种、山西 73 种、山东 49 种、天津 29 种、黑龙江 12 种。为害大豆的主要优势种有黄胫小车蝗、短额负蝗、中华稻蝗等。

图 1　黄胫小车蝗为害大豆

图 2　短额负蝗为害大豆

形态特征

1. 黄胫小车蝗　雄成虫体长 21~27 mm，雌虫 30.5~39 mm。虫体黄褐色，有深褐色斑。头顶短宽，顶端圆形。颜面垂直或微向后倾斜，

图 3　黄胫小车蝗成虫

颜面隆起明显，在中眼之下不紧缩，顶端具细小刻点。复眼卵圆形，头侧窝不明显。触角丝状，达或超过前胸背板的后缘。前胸背板中部略缩窄，沟后区的两侧较平，无肩状的圆形突出；中隆线仅被后横沟微切断，背板上有淡色“X”形纹，沟后区图纹比沟前区宽。前翅端部较透明，散布黑色斑纹，基部斑纹大而宽；后翅基部浅黄色，中部的暗色带纹常到达后缘，雄性后翅顶端色略暗。后足股节底侧红色或黄色；后足胫节基部黄色，部分常混杂红色，无明显分界（图 3）。

2. 短额负蝗　成虫体中小型。雄虫体长 19~23 mm，雌虫 28~36 mm。头顶较短，其长度等于或略长于复眼纵径。体绿色或土黄色。头部圆锥形，呈水平状向前突出。前翅较长，后翅略短于前翅，基部粉红色（图 4）。

3. 中华稻蝗　雌成虫体长 20~40 mm，雄虫 15~33 mm，黄绿色或黄褐色，有光泽。头顶两侧在复眼后方各有 1 条黑褐色纵带，经前胸背板两侧，直达前翅基部。前胸腹板有 1 锥形瘤状突起。前翅长超过后足腿节末端（图 5）。

图 4　短额负蝗成虫

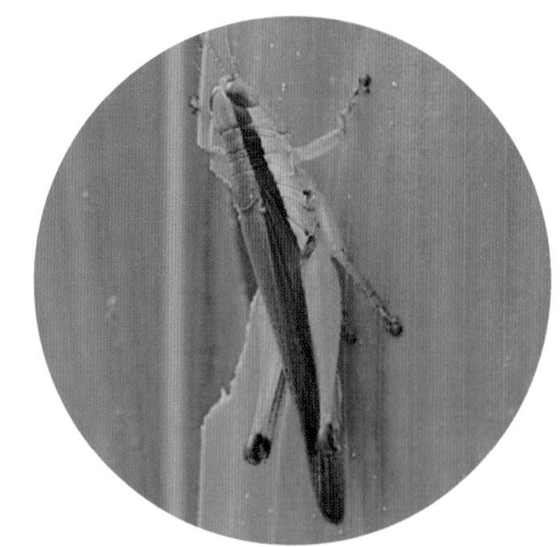

图 5　中华稻蝗成虫

发生规律

黄胫小车蝗在河北北部及西部山区及晋中、晋北地区1年发生1代，在河北南部、陕西关中地区、汉水流域、山西南部的黄河沿岸低海拔地区及山东、河南等地1年发生2代，各地均以卵越冬。1代区越冬卵于6月上中旬孵化，6月下旬至7月上旬进入孵化盛期，7月下旬至8月上旬羽化为成虫，8月中旬为羽化高峰，9月上中旬为产卵盛期，10月中下旬成虫陆续死亡。2代区越冬卵于5月中旬孵化，5月下旬至6月上旬进入孵化盛期，6月下旬至7月上中旬羽化出第1代成虫，7月中下旬产卵；第2代蝗蝻于7月下旬至8月上旬开始孵化，8月中旬进入孵化盛期，9月中下旬羽化出第2代成虫，第1代、第2代成虫均于10月下旬至11月上旬死亡。蝗蝻和成虫均具有群集习性和一定的迁移能力。

短额负蝗在河北省1年发生2代，以卵过冬。越冬卵5月中下旬孵化，6月下旬开始羽化，7月下旬开始产卵。第2代蝗蝻于8月上中旬孵化，9月上旬羽化，9月下旬产卵，10月下旬至11月上旬成虫陆续死亡。在山西省每年发生1~2代，北纬38°以南为2代区，以北为1代区，均以卵越冬。1代区越冬卵于6月中旬开始孵化出土，8月下旬开始羽化，9月上旬开始产卵，10月中旬成虫陆续死亡。2代区越冬卵于5月下旬开始孵化，7月上旬开始羽化，8月上旬进入产卵盛期；1代蝗卵于8月中旬孵化，9月中旬开始羽化，10月上旬产越冬卵，10月下旬开始陆续死亡，2代区有世代重叠现象。在长江流域1年发生2代。以卵在土中越冬。越冬卵于5月孵化，11月雌成虫再产越冬卵。成虫喜在高燥向阳的道边、渠埂、堤岸及杂草较多的地方产卵。

中华稻蝗在南方地区一般1年发生2代，华北及东北地区1年发生1代。2代区以卵在稻田田埂及其附近荒草地的土中越冬。越冬卵于3月下旬至清明前孵化。第1代成虫出现于6月上旬，第2代成虫出现于9月上中旬，9月中旬为羽化盛期，10月中旬产卵越冬。1代区，以卵在田边、地埂、渠堰及荒草滩等处的土中越冬。越冬卵于5月上中旬开始孵化，5月下旬至6月上旬进入孵化盛期，7月中旬至

8月上中旬羽化为成虫。成虫寿命较长，10月下旬至11月中旬才陆续死亡。成虫有一定的飞翔能力，可做短距离成群迁飞。

防治措施

1. 农业防治 依据土蝗喜产卵于田埂、渠坡、埝埂等环境的习性，深耕细耙，结合修整田埂、清淤等农事活动，用铁锹铲田埂，深度2~3 cm，或清淤时将土翻压于渠埝之上，将卵块铲断，效果明显。

2. 化学防治 在生态控制的基础上，根据“挑治为主，普治为辅，巧治低龄”的方针，对土蝗密度已超过或即将达到防治标准的田块，要及时采取补救措施，合理使用化学农药进行防治。

根据不同地区土蝗优势种的为害特点和农作物的生长发育时期，结合虫情预测预报，因地制宜做好以下三个阶段的工作。一是春末夏初保苗防治，此期的主攻对象是挑治丘陵山区的早发性蝗虫，重点保护豆类、薯类等早春作物苗期的生长，防治适期以4月底至5月中旬为宜；二是夏季保苗防治，主要防治对象是中华稻蝗、黄胫小车蝗等；三是秋季保苗防治，防治的重点是黄胫小车蝗等，防治适期一般在秋播麦苗出土之前（9月下旬至10月上旬）。

三十六、蟋　蟀

分布与为害

蟋蟀又称促织，俗名蛐蛐，发生较普遍的有油葫芦、大蟋蟀等数种。大蟋蟀是华南地区的主要地下害虫，而华北、华东和西南地区以油葫芦为主。蟋蟀是一种杂食性害虫，主要为害带有香甜滋味的植物，如豆类、芝麻、瓜类、花生等。以成虫、若虫为害大豆的叶、茎、豆荚等（图 1，图 2）。

图 1 蟋蟀为害大豆叶片

图 2　蟋蟀为害大豆豆荚

形态特征

成虫：雄性体长 18.9~22.4 mm，雌性 20.6~24.3 mm，身体背面黑褐色，有光泽，腹面为黄褐色，头顶黑色，复眼内缘、头部及两颊黄褐色，前胸背板有 2 个月牙纹，中胸腹板后缘内凹。前翅淡褐色有光泽，后翅尖端纵折露出腹端很长，形如尾须。后足褐色强大，胫节具刺 6 对，具距 6 枚（图 3）。

卵：长筒形，两端微尖，乳白色微黄。

若虫：共 6 龄，体背面深褐色，前胸背板月牙纹甚明显，雌、雄虫均具翅芽（图 4）。

图 3 蟋蟀成虫

图 4 蟋蟀若虫

发生规律

蟋蟀 1 年发生 1 代，以卵在土中越冬。若虫共 6 龄，4 月下旬至 6 月上旬若虫孵化出土，7~8 月为大龄若虫发生盛期。8 月初成虫开始出现，9 月为发生盛期，10 月中旬成虫开始死亡，个别成虫可存活到 11 月上中旬。成虫、若虫夜晚活动，平时好居暗处，夜间也扑向灯光。气候条件是影响蟋蟀发生的重要因素，通常 4~5 月雨水多，泥土湿度大，有利于若虫的孵化出土。5~8 月降大雨或暴雨，不利于若虫的生存。

防治措施

1. 农业防治 蟋蟀通常将卵产于 1~2 cm 的土层中，冬春季耕翻地，将卵深埋于 10 cm 以下的土层，若虫难以孵化出土，可降低卵的有效孵化率。

2. 物理防治

（1）灯光诱杀：用杀虫灯或黑光灯诱杀成虫。

（2）堆草诱杀：蟋蟀若虫和成虫白天有明显的隐蔽习性，在田间或地头设置一定数量 5~15 cm 厚的草堆，可大量诱集若虫、成虫，集中捕杀。

3. 化学防治

（1）毒饵诱杀：采取麦麸毒饵，用 80% 敌敌畏乳油或 50% 辛硫磷乳油 50 mL，加少量水稀释后拌 5 kg 麦麸，每亩地撒施 1~2 kg；或采取鲜草毒饵，用 80% 敌敌畏乳油或 50% 辛硫磷乳油 50 mL，加少量水稀释后拌 20~25 kg 鲜草撒施田间。

（2）药剂防治：蟋蟀发生密度大的地块，可选用 80% 敌敌畏乳油 1 500~2 000 倍液，或 50% 辛硫磷乳油 1 500~2 000 倍液喷雾。

因为蟋蟀活动性强，防治时应连片统一防治，否则难以达到较好的效果。

三十七、蜗 牛

分布与为害

蜗牛又称蜒蚰螺、水牛，为软体动物，主要有灰巴蜗牛和同型巴蜗牛两种，均为多食性，除为害大豆，还为害十字花科、豆科、茄科蔬菜以及棉、麻、甘薯、谷类、桑、果树等多种作物。幼贝食量很小，初孵幼贝仅食叶肉，留下表皮，稍大后以齿舌刮食叶、茎，形成孔洞或缺刻（图 1~3），甚至咬断幼苗，造成缺苗断垄。

图 1 蜗牛为害大豆叶片

图 2 蜗牛为害大豆顶芽

图 3 蜗牛为害大豆豆荚

形态特征

灰巴蜗牛和同型巴蜗牛成螺的贝壳大小中等，壳质坚硬。

1. 灰巴蜗牛 壳较厚，呈圆球形，壳高 18~21 mm，宽 20~23 mm，有 5.5~6 个螺层，顶部几个螺层增长缓慢，略膨胀，体螺层急剧增长膨大；壳面黄褐色或琥珀色，常分布暗色不规则形斑点，并具有细致而稠密的生长线和螺纹；壳顶尖，缝合线深，壳口呈椭圆形，口缘完整，略外折，锋利，易碎。轴缘在脐孔处外折，略遮盖脐孔，脐孔狭小，呈缝隙状（图 4）。卵为圆球形，白色。

图 4 灰巴蜗牛

2. 同型巴蜗牛 壳质厚，呈扁圆球形，壳高 11.5~12.5 mm，宽 15~17 mm，有 5~6 层螺层，顶部几个螺层增长缓慢，略膨胀，螺旋部低矮，体螺层增长迅速、膨大；壳顶钝，缝合线深，壳面呈黄褐色至灰褐色，有稠密而细致的生长线。体螺层周缘或缝合线处常有一条暗褐色带，有些个体无。壳口呈马蹄形，口缘锋利，轴缘外折，遮盖部分脐孔。脐孔小而深，呈洞穴状。个体间形态变异较大。卵球形，乳白色有光泽，渐变淡黄色，近孵化时为土黄色。

发生规律

蜗牛属雌雄同体、异体交配的动物，一般 1 年繁殖 1~3 代，在阴雨多、湿度大、温度高的季节繁殖很快。5 月中旬至 10 月上旬是它们的活动盛期，6~9 月活动最为旺盛，一直到 10 月下旬开始下降。

11 月下旬以成贝和幼贝在田埂土缝、残株落叶、宅前屋后的砖块瓦片等物体下越冬。翌年 3 月上中旬开始活动，蜗牛白天潜伏，傍晚或清晨取食，遇有阴雨天则整天栖息在植株上。4 月下旬至 5 月上旬成贝开始交配，此后不久产卵，成贝一年可多次产卵，卵多产于潮湿疏松的土里或枯叶下，每个成贝可产卵 50~300 粒。卵表面有黏液，干燥后把卵粒黏在一起成块状，初孵幼贝多群集在一起聚食，长大后分散为害，喜栖息在植株茂密低洼潮湿处。

一般成贝存活 2 年以上，性喜阴湿环境，如遇雨天，昼夜活动，因此温暖多雨天气及田间潮湿地块受害较严重。干旱时，白天潜伏，夜间出来为害；若连续干旱便隐藏起来，并分泌黏液，封住出口，不吃不动，潜伏在潮湿的土缝中或茎叶下，待条件适宜时，如下雨或浇水后，于傍晚或早晨外出取食。11 月下旬又开始越冬。

蜗牛行动时分泌黏液，黏液遇空气干燥发亮，因此蜗牛爬行的地面会留下黏液痕迹。

防治措施

1. 农业防治

（1）清洁田园：铲除田间、地头、垄沟旁边的杂草，及时中耕松土、排除积水等，破坏蜗牛栖息和产卵场所。

（2）深翻土地：秋后及时深翻土壤，可使部分越冬成贝、幼贝暴露于地面冻死或被天敌啄食，卵则被晒裂而死。

（3）石灰隔离：地头或行间撒 10 cm 左右的生石灰带，每亩用生石灰 5~7.5 kg，使越过石灰带的蜗牛被杀死。

2. 物理防治　利用蜗牛昼伏夜出、黄昏为害的特性，在田间或保护地中(温室或大棚)设置瓦块、菜叶、树叶、杂草或扎成把的树枝，白天蜗牛常躲在其中，可集中捕杀。

3. 化学防治

（1）毒饵诱杀：用多聚乙醛配制成含 2.5%~6% 有效成分的豆饼(磨碎)或玉米粉等毒饵，在傍晚时，均匀撒施在田垄上进行诱杀。

（2）撒颗粒剂：用 8% 灭蛭灵颗粒剂或 10% 多聚乙醛颗粒剂，每亩用 2 kg，均匀撒于田间进行防治。

（3）喷洒药液：当清晨蜗牛未潜入土时，用 70% 氯硝柳胺 1 000 倍液，或灭蛭灵或硫酸铜 800~1 000 倍液，或氨水 70~100 倍液，或 1% 食盐水喷洒防治。

三十八、白粉虱

分布与为害

白粉虱又名小白蛾子，是一种世界性害虫，我国各地均有发生。寄主范围广，可为害豆类、黄瓜、茄子、番茄、辣椒、甘蓝、花椰菜、白菜等作物200余种。成虫和若虫以刺吸式口器吸食植物叶片汁液，使叶片褪绿、变黄、萎蔫，甚至全株枯死。该虫还分泌大量蜜露，引起煤污病发生，严重影响光合作用，同时还是病毒的传播媒介，可引起多种病毒病。

形态特征

成虫：体长1~1.5 mm，淡黄色。翅面覆盖白蜡粉，停息时两翅合拢平覆在腹部上，通常腹部被遮盖，翅脉简单，沿翅外缘有一排小颗粒（图1）。

图1　白粉虱成虫

卵：长约0.2 mm，侧面观呈长椭圆形，基部有卵柄，柄长0.02 mm，从叶背的气孔插入植物组织中，初产淡绿色，覆有蜡粉，而后渐变褐色，孵化前呈黑色。

若虫：1龄若虫体长约0.29 mm，2龄约0.37 mm，3龄约0.51 mm，长椭圆形，淡绿色或黄绿色，足和触角退化，紧贴在叶片上生活（图2）；4

龄若虫又称伪蛹，体长 0.7~0.8 mm，椭圆形，初期体扁平，逐渐加厚呈蛋糕状（侧面观），中央略高，黄褐色，体背有长短不齐的蜡丝，体侧有刺（图 3）。

图 2　白粉虱成虫及若虫

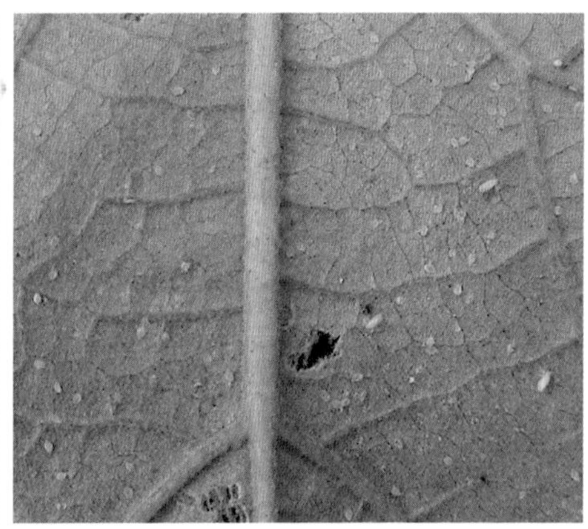
图 3　白粉虱成虫及伪蛹

发生规律

白粉虱在北方温室 1 年发生 10 余代，冬天室外一般不能越冬，华中以南以卵在露地越冬。成虫羽化后 1~3 d 可交配产卵，平均每个产卵 142.5 粒。也可孤雌生殖，其后代雄性。成虫有趋嫩性，在植株顶部嫩叶上产卵。卵以卵柄从气孔插入叶片组织中，与寄主植物保持水分平衡，极不易脱落。若虫在叶背面为害，3 d 内可以活动，当口器刺入叶组织后开始固定为害。繁殖适温为 18~21 ℃。

防治措施

1. 农业防治　黄色对白粉虱成虫有强烈的引诱作用，可以制成大小为 0.3 m × 0.2 m 的“黄板”，上面涂上 10 号机油，挂在豆田行间。黄板上诱满白粉虱后，用刷子将其刷掉，重新涂油，再行诱杀。

2. 化学防治　在发生初期及时用药，尤其掌握在“点片”发生阶段，可选用 3% 啶虫脒乳油 1 500~2 000 倍液，或 25% 吡蚜酮悬浮剂 2 500~4 000 倍液，或 25% 噻虫嗪水分散粒剂 2 500~4 000 倍液，或

24% 螺虫乙酯悬浮剂 2 000~3 000 倍液，或 1.8% 阿维菌素乳油 1 500~3 000 倍液，或 1% 甲氨基阿维菌素苯甲酸盐乳油 2 000 倍液，或 2.5% 联苯菊酯乳油 1 500~3 000 倍液，对叶片正反两面均匀喷雾，喷药时间最好在早晨露水未干时进行。7 d 1 次，连续防治 2~3 次。

三十九、螽斯

分布与为害

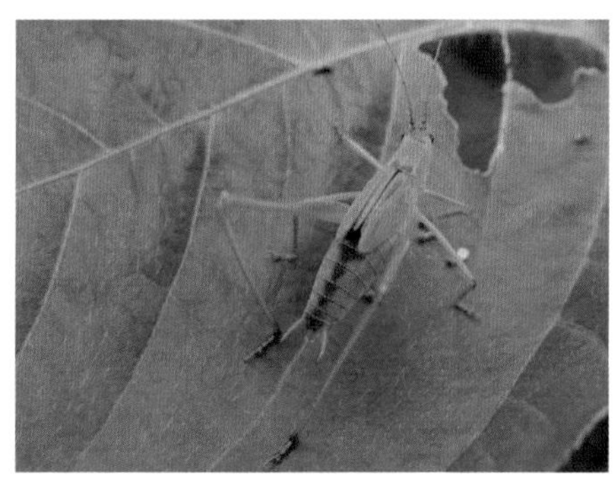
图 1 螽斯为害状

螽斯又称蝈蝈、聒聒，是一种为害作物广、食性杂、群集性、难防治的暴发性害虫，主要分布于吉林、辽宁、内蒙古、宁夏、山西、甘肃等地。成虫、若虫喜栖息于作物田间或灌木丛、杂草丛中，主要以成虫、若虫为害大豆、玉米、芝麻的幼苗及棉花的嫩芽、瓜类秧苗的嫩梢和果实（图 1），还为害刚栽的葱苗、豆角苗等，使植株生长受阻，长势衰弱，开花结果受损，有的作物幼苗整株被吃光，直接影响产量。

形态特征

成虫：体长 35~40 mm，雄虫略小于雌虫。全体绿色，带暗褐色斑纹。复眼椭圆形，褐色；触角丝状，细长，超过腹端。前翅雌虫伸达腹端，雄虫超出腹端；翅脉暗褐色至黑色，翅上并有暗褐色至黑色斑纹；雄虫前翅基部有发音器，后翅较发达，不善飞行。3 对足，跗节均 4 节，后足发达，为跳跃足。产卵器长 25~27 mm，略呈剑状，端部黑褐色。尾须较短小。

若虫：体略呈四角形，触角特别细长，与成虫相似，体较小，无翅，近长成时生出翅芽（图 2）。

卵：长椭圆形，长 9~20 mm，宽 2~15 mm，从发育到成熟经历橘黄色、乳白色、灰褐色，一头雌虫体内卵最多可达 30 粒。

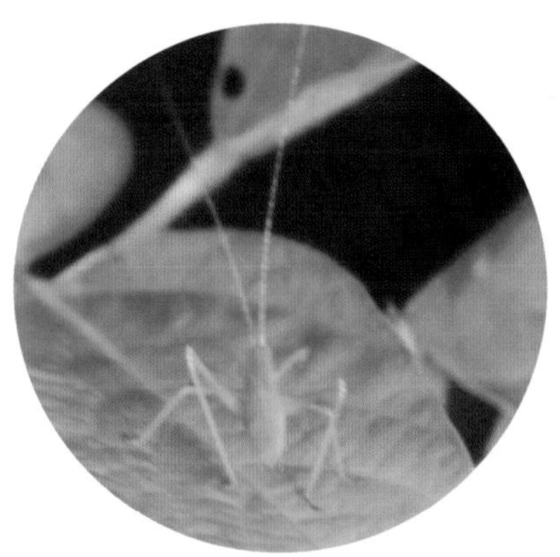
图 2　螽斯若虫

发生规律

螽斯 1 年发生 1 代，以卵于植物组织内越冬。翌年 5 月间孵化，食害各种果树、林木、作物、蔬菜及杂草的叶片，呈不规则的缺刻。7~8 月羽化为成虫。成虫和若虫多白天活动取食，亦可食害花和果实。秋后交尾，产卵于植物组织内。成虫寿命较长，直到有霜冻才死亡。在温暖的南方可在落地植物中越冬。雄虫前翅摩擦发出鸣声，晴朗高温时鸣声尤甚。

防治措施

1. 物理防治　螽斯个体大，行动不灵敏，易发现，可人工捕杀。

2. 化学防治

（1）毒饵防治：用 1∶10∶50 的 50% 辛硫磷乳油、水、麦麸拌匀制成团，撒在田地的四周或其经常出没的草丛或灌木丛边，进行防治。

（2）药剂防治：在螽斯发生为害初期，亩用 1.5% 辛硫磷粉或 5% 敌百虫粉 3~5 kg 进行喷粉，或用 20% 杀灭菊酯乳油、2.5% 溴氰菊酯乳油 2 500~3 000 倍液进行喷雾防治。

四十、 蓟 马

分布与为害

蓟马在我国分布广泛，以成虫和若虫锉吸植株幼嫩组织（枝梢、叶片、花、果实等）汁液，被害的嫩叶、嫩梢变硬卷曲枯萎，植株生长缓慢，节间缩短； 被害的幼嫩果实会硬化，严重时造成落果，影响产量和品质。在大豆上为害较重的主要有烟蓟马和黄蓟马等。烟蓟马寄主范围广泛，达30种以上，其主要寄主有豆科、十字花科、葱、韭菜、蒜类等多种植物； 黄蓟马主要为害大豆、棉花、甘薯、玉米、茄子、节瓜、黄瓜等作物，还为害葱、油菜、百合、紫云英等。为害大豆时主要在苗期为害嫩芽及叶片，以锉吸式口器吸食叶肉，被害部位表面发白并逐渐枯死变褐，心叶及生长点受害则皱缩、卷曲，发生严重时造成大豆植株生长点坏死（图1）。

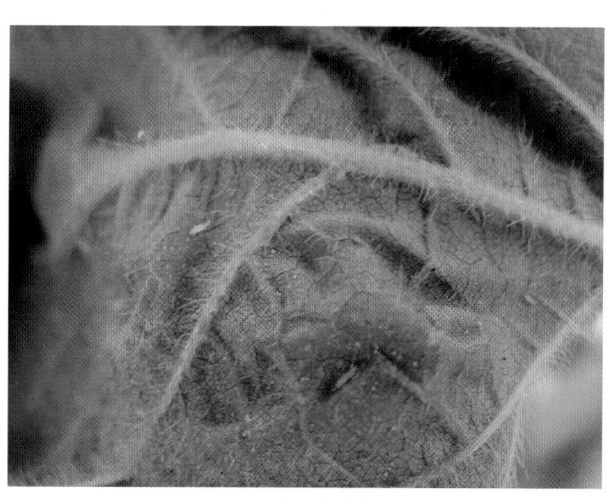

图1 蓟马为害大豆

形态特征

蓟马系小型昆虫，锉吸式口器。蓟马全生育阶段分卵、若虫、成虫三个阶段，属不完全变态类型。

1. 烟蓟马

成虫：体长 1.0~1.3 mm，黄褐色，背面色深。触角 7 节，复眼紫红色，单眼 3 个，其后两侧有 1 对短鬃。翅狭长，透明，前脉上有鬃 10~13 根排成 3 组；后脉上有鬃 15~16 根，排列均匀。

卵：乳白色，长 0.2~0.3 mm，肾形。

若虫：淡黄色，触角 6 节，第 4 节具 3 排微毛，胸、腹部各节有微细褐点，点上生粗毛，4 龄翅芽明显，不取食可活动，称伪蛹。

2. 黄蓟马

成虫：体长 0.9~1.1 mm，体浅黄色，触角 7 节，单眼间鬃位于单眼三角形连线的外缘，后胸盾片网状纹中具 1 对明显的钟形感觉器。雄虫 3~7 腹节有腹腺域。

卵：长 0.2 mm，肾形。

若虫：黄色，复眼红色，触角 7 节，初龄若虫黄色，无翅芽，3 龄以后的若虫长出翅芽。

发生规律

烟蓟马在华北地区 1 年发生 3~4 代，山东 1 年发生 6~10 代，华南 1 年发生 10 代以上。多以成虫或若虫在土缝里或未收获的葱、蒜叶鞘及杂草残株上越冬，少数以蛹在土中越冬。春季在葱、蒜返青时开始恢复活动，为害一段时间后，便飞到豆类、棉花等作物上为害繁殖。5~6 月是为害盛期。成虫活跃，能飞善跳，扩散快，白天喜在隐蔽处为害，夜间或阴天在叶面上为害，多行孤雌生殖，雄虫少见。卵多产在叶背皮下或叶脉内，卵期 6~7 d。初孵若虫不太活动，多集中在叶背的叶脉两侧为害，一般气温低于 25 ℃、相对湿度在 60% 以下时适其发生，7~8 月间同一时期可见各虫态，进入 9 月虫量明显减少，10 月早霜来临之前，大量蓟马迁往葱、蒜、白菜、萝卜等蔬菜田。大豆苗期 (5 月末至 7 月）气候干旱有利于其发生为害。

黄蓟马在广州 1 年发生 20~21 代，世代重叠，无休眠期。以成虫潜伏在土块、土缝下或枯枝落叶间越冬，少数以若虫越冬。翌年 4 月开始活动，5~9 月进入发生为害高峰期，秋季受害最重。初羽化成虫有喜嫩绿的习性，十分活泼，能飞善跳，行动敏捷，怕强光，晴天成虫喜隐蔽在作物生长点取食，少数在叶背为害；雌成虫能进行孤雌生殖，常把卵产在植物叶肉组织里。发育适温 25~30 ℃，暖冬利其安全越冬，易出现翌年大发生。

因蓟马具有繁殖速度快、易发生成灾的特点，应加强田间观察，掌握发生动态，采取有力措施进行综合治理，在害虫初发期及时喷药防治。

防治措施

1. 农业防治　早春清除田间杂草和枯枝残叶，集中烧毁或深埋，消灭越冬成虫和若虫；加强肥水管理，促使植株生长健壮，减轻为害。

2. 物理防治　利用蓟马趋蓝色的习性，在田间设置蓝色粘板，诱杀成虫，粘板高度与作物持平。

3. 化学防治　可选用 25% 吡虫啉可湿性粉剂 2 000 倍液，或 5% 啶虫脒可湿性粉剂 2 500 倍液，或 10% 吡虫啉可湿性粉剂 1 000 倍液，或 40% 乐果乳油 1 000 倍液，或 10% 多杀霉素悬浮剂 2 500~3 500 倍液，或 6% 乙基多杀菌素悬浮剂 3 000~6 000 倍液，或 24% 虫螨腈悬浮剂 2 000~3 000 倍液，隔 7~10 d 喷 1 次，连用 2~3 次。

四十一、斑缘豆粉蝶

分布与为害

斑缘豆粉蝶在我国各地多有分布，主要为害豆科作物、蔬菜。以幼虫取食叶片叶肉，初龄幼虫取食叶片形成小孔状，随虫龄增长，把叶片食成缺刻状，发生严重时可将叶片食尽，仅剩叶柄（图 1）。

图 1　斑缘豆粉蝶幼虫及为害大豆叶片成缺刻状

形态特征

成虫：为中型黄蝶，体长约 18 mm，翅展约 45 mm，翅黄色，缘毛桃红色。前翅顶角有一群黑斑且杂有黄斑，近前缘中央有一小黑圆

斑；后翅基半部黑褐色，外缘有成列黑斑，中室端缀有一火黄色圆斑；前、后翅反面均为橙黄色，后翅圆斑中央银色，周围浅褐色（图 2）。

卵：纺锤形。

幼虫：绿色，气门线黄白色，体多黑色短毛，毛基呈黑色小隆起。

蛹：前端突起短，腹面稍隆起。

图 2 斑缘豆粉蝶成虫

发生规律

斑缘豆粉蝶 1 年发生 4~6 代，以蛹越冬。幼虫在夏秋季为害，一般仅零星发生，主要是绒茧蜂对幼虫和蛹有自然控制作用。

防治措施

1. 生物防治 保护利用天敌绒茧蜂，在其发生盛期禁止使用化学农药。

2. 化学防治 幼虫为害初期，如虫量大时，可选用 2.5% 溴氰菊酯乳油 2 500 倍液，或 25% 灭幼脲悬浮剂 1 500 倍液，或 2.5% 氯氟氰菊酯乳油 3 000 倍液，或 90% 晶体敌百虫 1 000 倍液等喷雾。